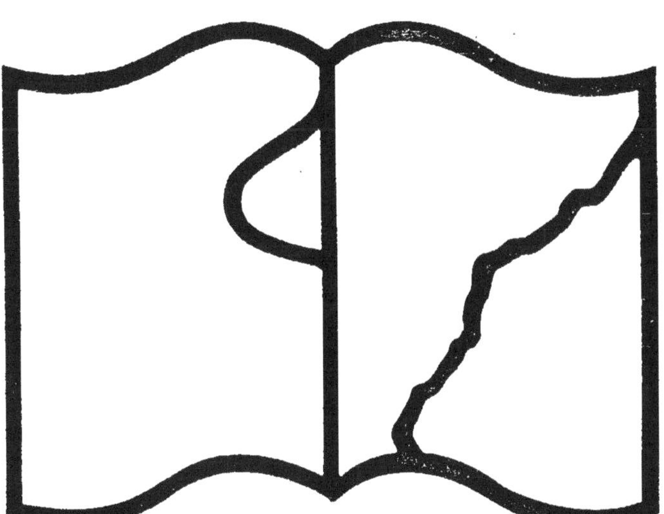

RECHERCHES EXPÉRIMENTALES

SUR LES

SPECTRES D'ÉTINCELLES

PAR

G.-A. HEMSALECH

OWENS COLLEGE, MANCHESTER

DOCTEUR DE L'UNIVERSITÉ DE PARIS (FACULTÉ DES SCIENCES)

PARIS

LIBRAIRIE SCIENTIFIQUE A. HERMANN

ÉDITEUR, LIBRAIRE DE S. M. LE ROI DE SUÈDE ET DE NORVÈGE

6 et 12 rue de la Sorbonne, 6 et 12

1901

RECHERCHES EXPÉRIMENTALES

SUR LES

SPECTRES D'ÉTINCELLES

RECHERCHES EXPÉRIMENTALES

SUR LES

SPECTRES D'ÉTINCELLES

PAR

G.-A. HEMSALECH

OWENS COLLEGE, MANCHESTER

DOCTEUR DE L'UNIVERSITÉ DE PARIS (FACULTÉ DES SCIENCES)

PARIS

LIBRAIRIE SCIENTIFIQUE A. HERMANN

ÉDITEUR, LIBRAIRE DE S. M. LE ROI DE SUÈDE ET DE NORVÈGE

6 et 12, rue de la Sorbonne, 6 et 12

—

1901

A

MONSIEUR G. LIPPMANN

MEMBRE DE L'INSTITUT ET DU BUREAU DES LONGITUDES

Hommage de reconnaissante admiration.

A

MONSIEUR A. SCHUSTER

MEMBRE DE LA SOCIÉTÉ ROYALE DE LONDRES

Hommage d'affectueux dévouement.

RECHERCHES EXPÉRIMENTALES

SUR LES

SPECTRES D'ÉTINCELLES

INTRODUCTION

La spectroscopie est la partie de la physique qui traite de l'analyse des mouvements ondulatoires rapides de l'éther, mouvements provoqués par les agitations internes ou provenant de l'extérieur des particules dont est constituée la matière (molécules, atomes, ions). Le résultat d'une analyse de ces mouvements ondulatoires, devrait donc nous permettre de tirer des conclusions intéressantes sur la constitution de la matière : c'est là en effet le but principal de la spectroscopie. Mais les phénomènes spectraux que nous pouvons observer sont très complexes ; leur interprétation est par suite extrêmement difficile, et de plus, ils sont encore compliqués davantage par le fait que la nature du milieu dans lequel le phénomène a lieu, exerce une influence considérable sur les mouvements ondulatoires effectués par les particules en mouvement ; nous faisons ici allusions aux importantes recherches de M. Crew et de M. M. Humphreys et Mohler. Aussi l'action des principales sources artificielles qui provoquent ces mouvements ondulatoires (l'arc voltaïque et l'étincelle électrique) est-elle encore mal connue. En ce qui concerne l'étincelle électrique, cette action devient particulièrement difficile à interpréter par le fait que l'étincelle est elle-même un phénomène très complexe.

L'objet des recherches contenues dans le présent mémoire est d'étudier les rôles que jouent les oscillations rapides et lentes d'une étincelle électrique dans la production des raies spectrales. Ces recherches sont basées sur la découverte faite par M. Schuster et moi, à savoir : que l'augmentation de la self-induction du circuit de décharge d'un condensateur est accompagnée de transformations considérables dans le spectre de l'étincelle jaillissant entre les électrodes reliant les armatures du condensateur. Ajoutons cependant que M. Thalén avait déjà employé une bobine de self-induction mais à *noyau de fer* et, comme nous aurons l'occasion de le montrer plus loin, le noyau de fer *détruit* les oscillations de la décharge qui sont précisément le facteur essentiel de nos recherches.

Dans l'historique qui suit, nous ne mentionnons que les principaux faits relatifs aux étincelles électriques et leurs spectres (à l'exception de la découverte de Newton) et si nous avons donné plus de détails sur les expériences de Masson, c'est qu'elles nous paraissent avoir une importance capitale ; c'est en effet Masson qui a, le premier, acquis les premières idées précises sur les étincelles électriques. Dans la première partie de ce mémoire, nous donnons quelques notions sur la nature de l'étincelle électrique d'après les recherches de Feddersen et de MM. Schuster et Hemsalech. La deuxième partie contient la description des appareils, leur montage et leur réglage, ainsi que des faits généraux concernant les spectres des étincelles électriques. La troisième partie contient les procédés employés pour mesurer les longueurs d'onde, les spectres d'étincelles des 14 métaux suivants : Fe, Mn, Ni, Co, Cd, Zn, Mg, Al, Sn, Pb, Bi, Sb, Cu, Ag., ainsi que le spectre de lignes de l'air et le spectre de bandes de l'azote. Un dernier chapitre qui contient les conclusions, termine ce travail. Le manque de temps ne nous a pas permis de donner tous les détails souvent très intéressants, des faits que nous avons observés. Mais par contre, nous nous sommes toujours efforcé de donner au moins l'essentiel ; en ce qui concerne les raies spectrales, leurs transformations dues à l'augmentation de la self-induction peuvent être suivies sur les tableaux qui contiennent toutes les raies que nous avons observées. Les longueurs d'onde dans ce mémoire sont toutes fondées sur le système de Rowland.

Au moment de finir ce mémoire, nous avons reçu une copie du travail de M. Berndt, qui a examiné l'influence de la self-induction sur les spectres d'étincelle dans l'ultra-violet. Les résultats auxquels M. Berndt est arrivé diffèrent beaucoup des nôtres (1).

(1) Les self-inductions employées par M. Berndt étaient beaucoup trop faibles ; la valeur maximum ne dépassait pas, en effet, 0,0064 henry. Quant aux détails concernant la manière d'observer un spectre, M. Berndt s'est servi, pour projeter l'image de l'étincelle sur la fente collimatrice, d'une lentille cylindrique ; or, cette méthode ne se prête pas pour l'étude des spectres de cette nature. La seule méthode praticable pour ce genre de recherches est la méthode de M. Lockyer, méthode qui permet de distinguer les raies « longues » et les raies « courtes ». Aussi il est plus difficile, en employant une lentille cylindrique comme lentille de projection, de distinguer les raies de l'air des raies métalliques, qu'avec une lentille sphérique, car dans le premier cas toutes les raies ont même longueur. Les réseaux concaves ne devraient non plus être employés pour ce genre de recherches.

HISTORIQUE

C'est Newton qui, en 1672, présenta à la Société Royale de Londres, la découverte de la dispersion et une explication des couleurs. Mais ses recherches ne furent publiées en détail que trente ans plus tard dans son célèbre traité d'optique. Newton opérait surtout avec la lumière solaire qu'il faisait pénétrer dans une chambre parfaitement obscure par un petit trou percé dans le volet. Le mince rayon de lumière qui traversait ce trou était reçu sur un prisme et c'est sur le mur opposé qu'il aperçut l'image allongée et colorée du trou pratiqué dans le volet. Cette expérience l'a amené à conclure que la lumière blanche du soleil n'est pas simple, mais composée de différentes couleurs et il donna le nom de « spectre » à la bande colorée produite par la lumière traversant le prisme. C'est cette expérience fondamentale de Newton qui fut le germe de toute cette science qui devait se développer plus tard et qui a reçu le nom de « spectroscopie ».

Newton n'a jamais vu qu'un spectre continu du soleil, quoiqu'il ait même employé une fente, mais cela s'explique aisément car, comme il le dit lui-même, ses prismes étaient très mauvais. Les raies noires qu'on aperçoit dans le spectre n'ont été découvertes qu'un siècle plus tard et pendant tout le dix-huitième siècle on n'a rien ajouté aux observations de Newton.

Ce fut Wollaston qui, en 1802, observa pour la première fois que le spectre du soleil n'était pas continu. Ce fut aussi Wollaston qui, le premier, observa le spectre d'une étincelle électrique, mais il n'insista pas sur la description de ces spectres. Quelques temps après Wollaston, Fraunhofer, en étudiant le spectre d'une étincelle électrique, remarqua surtout une raie dans le vert très brillante par rapport aux autres (probablement la double raie verte de l'air).

En 1836, Talbot examina les spectres d'étincelle de l'argent, du cuivre et du zinc et il trouva que ces métaux donnaient des raies différentes.

Vers la même époque, Wheatstone étudia les spectres d'étincelle de quelques métaux ; ses observations sont les plus nettes qu'on possède de cette époque. Il étudia d'abord les spectres des « étincelles voltaïques » obtenues à l'aide d'une machine électromagnétique. Il trouva que le nombre, la position et les couleurs des raies de ces spectres diffèrent d'un métal à l'autre et il fait remarquer que ce dernier fait pourrait constituer un moyen rapide et commode de distinguer les corps métalliques les uns des autres, moyen plus rapide que l'analyse chimique. Wheatstone étudia ensuite l'étincelle de « l'électricité ordinaire » et il trouva que les raies sont moins brillantes mais plus nombreuses que celles obtenues avec l'étincelle voltaïque ».

Mais nous voici enfin à une époque où les idées sur les étincelles électriques commencent à se préciser. Cette époque est marquée par les belles recherches de Masson (1) sur la nature de l'étincelle électrique et la cause de sa production. Masson avait d'abord commencé par étudier l'intensité de la « lumière électrique » dans des conditions

(1) Masson. — *Ann. de Ch. et Phys.* (3) 31, p. 295-326 (1851).

différentes et il examinait ensuite la constitution de cette lumière. Pour obtenir des étincelles très fortes, il se servait d'un condensateur qu'il chargeait à l'aide d'une machine statique. Il mesura les déviations des raies d'un certain nombre de métaux à l'aide d'un goniomètre pourvu d'un collimateur et il donna des dessins pour chaque spectre ; ces dessins sont encore les meilleurs que nous ayons de cette époque. Masson conclut de ses observations « qu'il existe dans tous les spectres de l'étincelle électrique, produits entre des pôles de nature différente, des raies très brillantes, différant en nombre et intensité ; que plusieurs raies sont communes à tous les spectres et diffèrent en intensité pour chacun d'eux ».

Masson étudie encore les spectres des étincelles dans différents gaz et à des pressions différentes ; mais il trouve toujours les mêmes raies, excepté dans une atmosphère d'hydrogène où le spectre est si faible qu'il trouve impossible de faire des mesures exactes. Il fait ensuite éclater les étincelles dans différents liquides, mais il n'obtient qu'un spectre continu. Finalement, Masson fait les remarques suivantes sur la nature de l'étincelle électrique : « L'étincelle électrique est produite par un courant qui se propage à travers et par la matière pondérable et l'échauffe de la même manière, et suivant les mêmes lois, qu'un courant voltaïque échauffe et rend lumineux un fil métallique « .... ». Au moment de l'explosion de l'électricité sous forme d'étincelle, une partie de la surface des pôles peut être entraînée, mais principalement dans le gaz ; cette matière transportée, prenant la température du courant, modifierait la lumière électrique et produirait les raies brillantes qu'on observe dans le spectre de l'étincelle obtenue dans les gaz ».

Dans ses recherches ultérieures, Masson continue ses

études sur les étincelles électriques et voici en ses propres mots, le résumé des résultats de toutes ses recherches sur ce sujet. « Les spectres de la lumière électrique sont sillonnées de raies brillantes, quelque soit le milieu liquide ou gazeux qui est le siège de l'étincelle, quand il y a transport de la matière des pôles. Dans les liquides on peut obtenir des spectres sans raies brillantes. La position, le nombre et l'éclat des raies brillantes dépendent de la nature du milieu de la source électrique et de la pression du gaz. L'oxydation des métaux et la combustion des parties arrachées aux pôles par le courant, ne sont pas les causes des raies brillantes. La vaporisation des métaux qui forment les pôles de l'étincelle, augmente la conductibilité du circuit et l'intensité de l'étincelle sans changer la constitution du spectre. L'étincelle électrique est la radiation lumineuse d'une portion de conducteur solide, liquide ou gazeux, échauffé jusqu'à l'ignition par un courant électrique quelconque. Les raies brillantes des spectres électriques sont produites par l'incandescence des particules pondérables arrachées au pôle et transportées par le courant. Les corps solides, échauffés jusqu'à l'ignition par des courants, ne donnent pas des raies brillantes. Dans certains cas les liquides se comportent comme des solides. Les différentes intensités des raies brillantes tiennent à des aptitudes de la matière à vibrer, de préférence certaines ondulations lumineuses. Le phénomène des raies brillantes est un cas particulier de la phosphorescence. L'étincelle électrique possède une température très élevée ».

Peu de temps après, A. J. Angström (1) publiait un mémoire très important ; de ses recherches, le résultat le plus important est que le spectre d'une étincelle électrique est

(1) A. J. Angström. — *Kongl. Svenska. Vet. Ak.* Handlingar 1852.

composé de deux parties : du spectre du gaz dans lequel éclate l'étincelle et du spectre du métal qui constitue les électrodes.

En 1861, Kirchhoff publiait ses recherches célèbres sur le spectre solaire et les spectres d'étincelle d'un grand nombre de métaux.

Et c'est en 1862 que M. W. A. Miller publia les premières photographies, quoique mal réussies, de quelques spectres d'étincelle.

En 1864, M. Huggins publiait des travaux très importants sur les spectres d'étincelle ; les observations spectrales de M. Huggins ont été faites avec beaucoup de soin et elles ont conservé une grande valeur jusqu'à aujourd'hui, surtout en ce qui concerne la partie rouge du spectre ; car depuis l'application de la photographie à la spectroscopie, la partie rouge du spectre a été très négligée.

Enfin en 1869, M. Lockyer commence ses recherches classiques sur les spectres des éléments dans différentes conditions, et c'est ce grand savant qui nous a dotés de la méthode si puissante d'observer le spectre d'une source lumineuse qui consiste à projeter son image réelle sur la fente du collimateur à l'aide d'une lentille ; c'est la seule méthode pratiquable pour observer les spectres d'étincelle.

M. Lockyer nous a également dotés de la méthode dite *des raies longues et courtes*, méthode très importante dans l'étude des spectres d'étincelle. Citons encore pour terminer les travaux de MM. Hartley et Adeney sur les spectres d'étincelle dans l'ultra-violet des éléments ; les travaux de MM. Eder et Valenta, et les mesures de longueurs d'onde des spectres d'étincelle ultra-violets des éléments par MM. Exner et Haschek.

PREMIÈRE PARTIE

L'ÉTINCELLE ÉLECTRIQUE

La décharge d'un condensateur entre deux électrodes métalliques quelconques à travers un gaz à la pression atmosphérique, est accompagnée, dans la couche traversée par la décharge, d'un phénomène lumineux qu'on appelle *l'étincelle électrique*. Dans une étincelle produite par la décharge d'un condensateur dont la capacité est assez grande, on peut facilement distinguer deux parties principales : le *trait lumineux* qu'on aperçoit vers le milieu de l'étincelle, et *l'auréole* qui entoure ce trait lumineux. L'éclat et la nature de l'étincelle dépendent, en premier lieu, de la résistance et de la self-induction du circuit de décharge ; ils dépendent également de la nature et de la forme des électrodes, de la distance explosive et de la nature du gaz dans lequel éclate l'étincelle. Nous ne considérerons, dans ce mémoire, que les étincelles éclatant dans l'air à la pression atmosphérique.

En tenant compte de la résistance et de la self-induction du circuit de décharge, on peut classer les étincelles d'après leur aspect, comme il suit :

1° L'étincelle ordinaire ;
2° » intermittente ;
3° » oscillante.

1° L'étincelle ordinaire

Elle est produite par la décharge d'un condensateur quand la résistance et la self-induction du circuit de décharge sont très petites.

Si la capacité du condensateur est notable, ces étincelles deviennent très lumineuses et forment une source de lumière

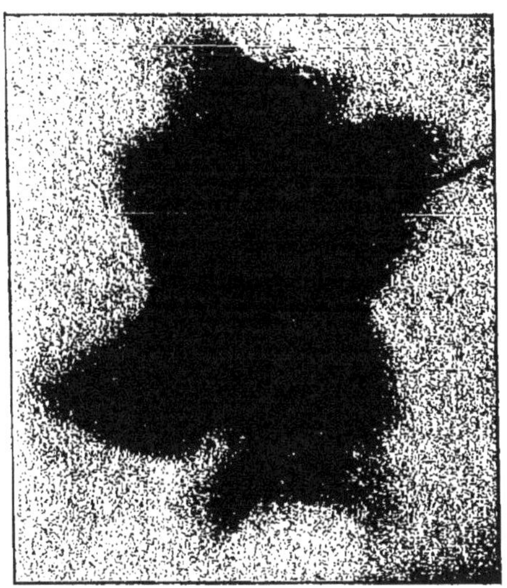

Fig. 1

précieuse pour le spectroscopiste; leur température est la plus élevée que nous puissions produire.

La *fig.* 1 représente la photographie d'une étincelle ordinaire d'un centimètre de longueur, produite par la décharge de 5 grandes bouteilles de Leyde (1).

Vers le milieu de cette étincelle on aperçoit le trait lumi-

(1) Cette photographie a été prise au laboratoire de physique d'Owens Collège, Manchester.

neux, bien limité, reliant les extrémités (visibles sur la figure) des deux électrodes. L'auréole qui entoure le trait lumineux a une forme très irrégulière et nébuleuse; son étendue et son éclat varient selon la nature du métal qui constitue les électrodes. Helmholtz (1) en se basant sur la loi de la conservation de l'énergie, avait le premier émis l'opinion que la décharge qui donne naissance à une étincelle ordinaire, devait être nécessairement oscillante, et plus tard, lord Kelvin (2) a développé complètement la théorie de la décharge oscillante d'un condensateur. Cette théorie a été confirmée ultérieurement par les expériences de Feddersen (3).

Expériences de Feddersen. — Feddersen se servait dans ses expériences d'un miroir tournant qui projetait l'image de l'étincelle sur un verre dépoli. Le miroir était fixé à un axe qu'on pouvait faire tourner très rapidement. Sur ce même axe on installait un dispositif qui ne permettait aux étincelles d'éclater que quand le miroir projetait leur image dans la direction du verre dépoli. En donnant une grande vitesse de rotation au miroir, Feddersen pouvait distinguer nettement des oscillations dans la décharge. Dans des expériences ultérieures, Feddersen remplaçait le verre dépoli par une plaque photographique de grande sensibilité; il pouvait ainsi obtenir la photographie de ces oscillations.

Les expériences de Feddersen ont été répétées par Lorentz et par d'autres physiciens, mais on n'a jamais insisté sur les rôles que jouent, dans une décharge, le trait lumineux et l'auréole. C'est là une question d'une grande importance au point de vue spectroscopique, et cette distinction a été faite pour la première fois par MM. Schuster et Hemsalech (4).

(1) Helmholtz. — *Die Erhaltung der Kraft*, p. 44 (Berlin 1847).

(2) W. Thomson. — *Phil. Mag. Sér.* IV, t. V, p. 393.

(3) Feddersen. — *Pogg. Ann.*, t. CXIII, p. 437.

(4) Schuster et Hemsalech. — *Phil. Trans.*, t. CLXXXXIII, pp. 189-213 (1899).

Expériences de MM. Schuster et Hemsalech. — Dans ces expériences, l'étincelle fut projetée sur une pellicule photographique se déplaçant avec une grande vitesse ; de cette manière, on éliminait le miroir tournant qui est très incommode. L'appareil consistait en un disque d'acier de 33 centimètres de diamètre, monté sur un axe qui était en relation avec un moteur électrique. Un deuxième disque de 22 centimètres de diamètre pouvait être vissé concentriquement sur le premier, de manière à pouvoir fixer solidement une pellicule photographique circulaire de 30 centimètres de diamètre, qu'on serrait ainsi entre les deux disques. L'image de l'étincelle tom-

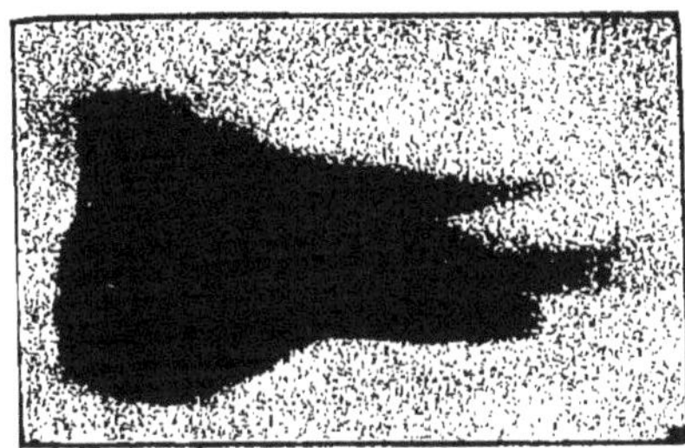

Fig. 2

bait sur une partie annulaire de la pellicule qui dépassait le petit disque.

En général le disque tournait à raison de 120 tours environ par seconde, ce qui correspond à une vitesse linéaire d'environ 100 mètres par seconde pour la partie de la pellicule qui recevait le faisceau lumineux. En envoyant sur une telle pellicule mobile l'image d'une étincelle analogue à celle représentée sur la *fig.* 1, MM. Schuster et Hemsalech ont constaté, après le développement de la pellicule photographique, que l'image du trait lumineux était restée immobile pendant toute la durée de l'étincelle ; tandis que l'image de l'auréole était allongée considérablement, surtout vers le milieu de l'étincelle, ce qui montre que la durée d'éclat du trait lumineux est très courte tandis que l'auréole reste encore visible pendant un temps relativement grand. La *fig.* 2 représente une de ces photographies; le trait lumineux n'est pas visible dans cette reproduction typographique, mais on le voit très bien sur le cliché original où il marque nettement le bord de l'image, ce qui prouve que le trait lumineux est la première phase dans la production d'une étincelle et il marque le chemin de la *décharge initiale*. Les oscillations ne sont pas visibles non plus sur cette photographie : elles sont cachées par l'auréole

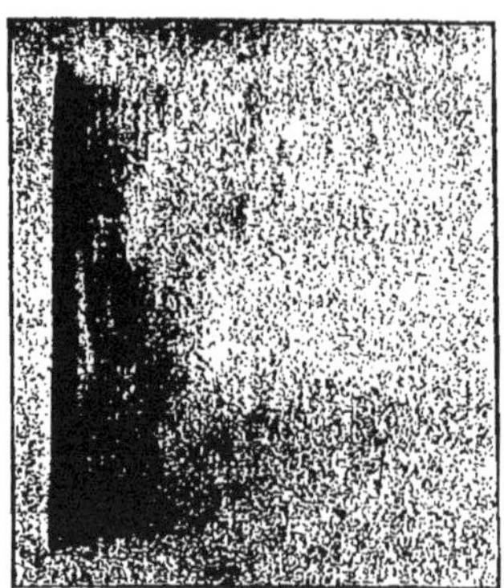

Fig. 3

Pour mettre en évidence ces oscillations, MM. Schuster et Hemsalech ont projeté l'image de l'étincelle sur la fente d'un collimateur, de sorte que l'image reçue sur la pellicule photographique était une ligne fine et nette; de cette manière la grande étendue de l'auréole ne pouvait plus gêner à la séparation et à la visibilité des oscillations. Grâce à ce dispositif on a, en effet, pu voir les oscillations de la décharge s'imprimer admirablement bien sur la pellicule. La *fig.* 3 représente un agrandissement (5 fois) de la photographie d'une de ces étincelles. La vitesse linéaire de la pellicule était de 100 mètres par seconde. La ligne droite que l'on aperçoit sur cette gravure est produite par la décharge initiale ou le trait lumineux ; la série de lignes courbes indique les oscillations de la décharge et en comparant les *fig.* 3 et 2, il devient évident que ces oscillations ont lieu dans l'auréole. Leur courbure nous indique que leur vitesse de propagation entre les deux électrodes est de beaucoup inférieure à celle de la décharge initiale qui est représentée par une ligne droite.

MM. Schuster et Hemsalech ont ensuite intercallé un prisme sur le faisceau lumineux et ont projeté le spectre de l'étincelle ainsi formé, sur la pellicule photographique. Quand la pellicule était immobile les raies dans ce spectre étaient droites et nettes ; mais lorsque la pellicule se déplaçait avec une grande vitesse on remarquait dans le spectre, après développement de la pellicule, des raies droites et des raies courbes. L'examen de ces raies montre que les raies restées droites sont celles dues à l'air et que les raies devenues courbes sont dues au métal qui constitue les électrodes. Il résulte donc de ces expériences que : *la décharge initiale donne le spectre du gaz et que les oscillations qui apparaissent dans l'auréole donnent le spectre du métal*; ceci était encore confirmé, sur la pellicule photographique, par la répétition successive, par suite des oscillations de la décharge, des raies métalliques de certains métaux (le bismuth et le mercure, par exemple). L'auréole est donc constituée par la matière des électrodes, entraînée par la décharge et chauffée jusqu'à l'incandescence, surtout par les oscillations qui suivent la décharge initiale. Il résulte donc de ces expériences qu'une étincelle électrique se produit de la manière suivante : la couche d'air entre les deux électrodes est d'abord percée par la décharge initiale ; ensuite l'air qui se trouve dans le voisinage immédiat du chemin parcouru par la décharge est rendu incandescent ; c'est *le trait lumineux*. Mais immédiatement après l'espace compris entre les deux électrodes se remplit de la vapeur métallique entraînée par la décharge initiale : c'est l'*auréole*. — Les oscillations qui suivent la décharge initiale traversent cette vapeur et la réchauffent; ces oscillations jouent probablement un rôle important dans la production du spectre caractéristique du métal.

2° L'étincelle intermittente

En augmentant progressivement la résistance du circuit de décharge du condensateur, en y insérant un tube contenant de l'eau ou un fil mouillé, le nombre des oscillations diminue et la durée de l'étincelle devient plus longue (1). Pour une résistance convenablement choisie les oscillations disparaissent même complètement et la décharge devient alors continue (2) : dans le miroir tournant on ne voit dans ce cas qu'un trait de feu continu. En augmentant encore davantage la résistance du circuit, la décharge devient intermittente. Elle consiste alors en une série de faibles étincelles simples qui se suivent à des intervalles de temps croissants. Les étincelles intermittentes sont excessivement faibles et ne se prêtent pas à l'examen spectroscopique des métaux. La quantité de vapeur produite y est très petite et l'auréole est limitée au voisinage de l'une des deux électrodes (négative?) seulement; cela s'explique par le fait que la plus grande partie de l'énergie est absorbée par la résistance du circuit.

3° L'étincelle oscillante

En insérant dans le circuit de décharge une bobine de self-induction sans noyau métallique, qu'on peut faire varier à volonté, on observe qu'avec l'augmentation de la self-induc-

(1) Feddersen. — *Pogg. Ann.*, t. CIII, p. 71.
(2) L. C.

Fig. 4

tion la forme de l'auréole devient de plus en plus régulière et la décharge initiale ou le trait lumineux devient de plus en plus faible de manière que l'étincelle semble formée uniquement de la vapeur métallique incandescente. La forme que prend l'étincelle est celle d'une sphère ou d'un ellipsoïde, selon la longueur de l'étincelle. La nature du métal qui constitue les électrodes semble aussi influer sur la forme de l'étincelle oscillante. Des formes très régulières sont obtenues avec le cuivre et l'aluminium. Le cadmium et le plomb donnent des étincelles oscillantes plus ou moins irrégulières.

En ce qui concerne l'éclat des étincelles oscillantes, il dépend en premier lieu de la nature métallique des électrodes; avec des électrodes de fer et de cobalt, l'intensité de l'étincelle commence d'abord par diminuer et ensuite augmente par l'insertion d'une faible self-induction qu'on augmente graduellement (en faisant abstraction du trait lumineux de l'étincelle ordinaire qui est excessivement faible dans l'étincelle oscillante). La *fig.* 4 représente une série d'étincelles de 3 millimètres de longueur obtenues avec des électrodes en fer, A étant l'étincelle ordinaire, la self-induction correspondant à B était de

0,0006 henry et pour les étincelles suivantes on la faisait croître successivement jusqu'à 0,036 henry, valeur qui correspond au spectre G. Il est facile de remarquer sur cette reproduction de la photographie originale un minimum d'éclat en C et un maximum en G. Il convient d'ajouter que l'observation de l'intensité d'éclat de ces étincelles n'est pas basée seulement sur cette série de 7 étincelles reproduites par la photographie ci contre ; nous avons, en effet, généralement obtenu 22 étincelles à l'aide d'une bobine de self-induction beaucoup plus fractionnable que la précédente, de sorte qu'on pouvait facilement suivre les variations dans l'éclat de ces étincelles. Ces dernières furent photographiées sur une longue pellicule photographique afin de pouvoir développer les 22 images à la fois et dans le même bain ; on évitait ainsi des sources d'erreur qui auraient pu provenir d'un développement dont la durée n'aurait pas été égale pour chaque image prise individuellement. Le condensateur qui nous a permis de produire cette série d'étincelles avait une surface totale de deux mètres carrés

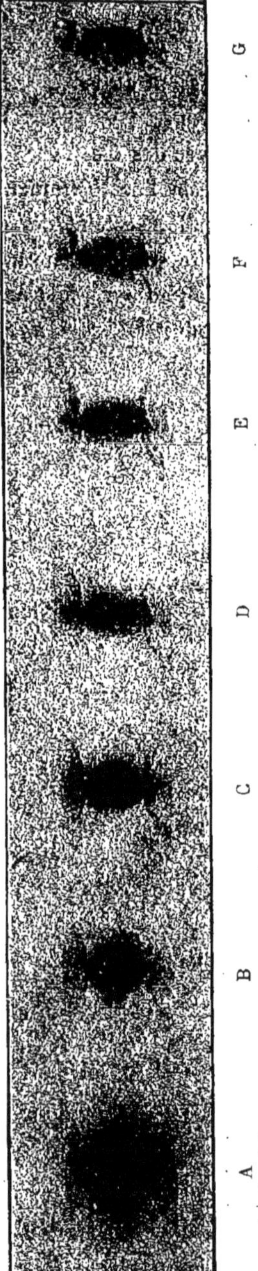

Fig. 5

(épaisseur du verre 3 millimètres) et était chargé à l'aide d'une machine de Wimshurst.

Avec des électrodes en magnésium l'éclat de l'étincelle, par suite de l'accroissement que nous faisons subir à notre self-induction, atteint d'abord un minimum puis un maximum et ensuite un deuxième minimum. La *fig.* 5 représente une série de photographies analogues à celles données par le fer et reproduites sur la *fig.* 4 ; sur cette gravure A correspond à l'étincelle ordinaire et indique le premier maximum ; B indique le premier minimum, C le second maximum et G le second minimum.

Pour le zinc et le cadmium, le cuivre, l'aluminium et le plomb, les variations dans l'éclat sont analogues à celles que nous avons observées pour le fer et le cobalt excepté que leurs maxima sont plus faibles ; quant à la selfinduction correspondant à ces maxima et minima, elle varie avec la nature du métal.

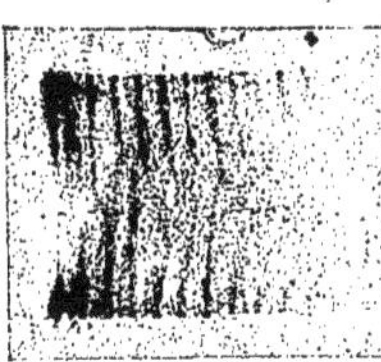

Fig. 6

Si l'on introduit dans la bobine de self-induction, un noyau de fer, les étincelles deviennent très faibles et ressemblent beaucoup aux étincelles intermittentes : l'auréole est plus marquée à l'un des pôles qu'à l'autre.

En photographiant une étincelle oscillante sur une pellicule mobile, on remarque que la décharge initiale est beaucoup affaiblie, tandis que les oscillations qui la suivent sont très marquées et en même temps plus lentes et plus nombreuses que dans l'étincelle ordinaire ; ceci nous indique que la durée totale de l'étincelle est augmentée considérablement. La *fig.* 6 est la reproduction d'une photographie d'une étincelle oscillante obtenue sur une pellicule se déplaçant avec une vitesse linéaire d'environ 100 mètres par seconde obtenue par MM. Schuster et Hemsalech. L'étincelle avait 1 centimètre de longueur et éclatait entre des électrodes en zinc. En comparant cette photographie avec la *fig.* 3 obtenue avec la même étincelle, mais sans self-induction, on voit dans ce dernier cas que c'est la décharge initiale qui prédomine, contrairement à ce que l'on constate dans le premier cas, où ce sont les oscillations qui prédominent. En augmentant davantage la self-induction la décharge initiale disparaît presque complètement. C'est précisément le résultat auquel MM. Schuster et Hemsalech (1) sont arrivés en observant, photographiquement, une étincelle oscillante quand la self-induction a une certaine valeur donnée. On a, en effet, trouvé que le spectre de l'air, que l'on voit toujours dans les étincelles ordinaires, et qui est dû au trait lumineux, avait complètement disparu ; de sorte que le spectre de l'étincelle oscillante en question, ne contenait que des raies dues au métal, mais douées d'un éclat remarquable. C'est sur cette découverte que sont basées toutes les recherches qui font l'objet de ce travail. On peut se rendre compte facilement de ces évolutions des raies spectrales en comparant les *fig.* 2, 3 et 6. Sans self-induction, la décharge est brusque, de manière que presque toute l'énergie est utilisée dans la décharge initiale ; avec self-induction, il y a des courants induits dans la bobine, de sens opposés, et qui empêchent une décharge rapide. La couche d'air entre les deux électrodes est percée par une faible décharge initiale qui, en même temps, produit une petite quantité de vapeur métallique ; cette dernière est ensuite traversée par la première oscillation, laquelle réchauffe cette vapeur et en produit encore davantage. La deuxième oscillation traverse la vapeur engendrée par la première en produisant encore de la vapeur métallique, et ainsi de suite pour chaque oscillation d'une même décharge. On voit donc que presque toute l'énergie dans une

(1) SCHUSTER et HEMSALECH. — *Proceed. Royal Society*, t. LXIV, p. 335 (1899).

décharge oscillante, est utilisée pour chauffer la vapeur métallique ; c'est seulement la faible décharge initiale qui traverse la couche d'air, et elle n'est pas assez forte pour chauffer l'air jusqu'à l'incandescence ; elle est cependant suffisamment forte pour produire de la vapeur métallique qui est ensuite réchauffée par les oscillations qui suivent la décharge initiale dont la quantité augmente à chaque oscillation.

INFLUENCE D'UNE SELF-INDUCTION A NOYAU MÉTALLIQUE SUR LES OSCILLATIONS D'UNE DÉCHARGE ÉLECTRIQUE

Si l'on introduit dans la bobine de self-induction un noyau de fer, le nombre des oscillations de la décharge est diminué, comme l'a déjà montré Lord Rayleigh (1) ; d'autre part, M. J.-J. Thomson a mis en évidence l'action de différents métaux sur les décharges oscillantes de la manière suivante :

Expériences de M. J.-J. Thomson (2). — En se basant sur ses recherches sur la décharge électrique dans les tubes à vide sans électrodes, M. Thomson a imaginé la méthode suivante : un circuit conducteur reliant les armatures extérieures de deux bouteilles de Leyde et comprenant deux spires A et B (*fig.* 7) contient à l'intérieur de l'une de ces spires, un tube à vide sans électrodes. Les armatures internes des deux bouteilles sont chargées à l'aide d'une machine de Wimshurst et quand une étincelle éclate entre les boules de l'excitateur reliées respectivement à l'une et à l'autre de ces armatures internes, une décharge oscillante parcourt le circuit extérieur et le tube à vide se trouvant à l'intérieur de la spire A brille à ce moment

(1) Oliver Lodge. — *Modern Views of Electricity*, p. 423.

(2) J. J. Thomson. — *Smithsonian report for* 1892, p. 251, Washington (1893).

d'un vif éclat; en introduisant un noyau de laiton à l'intérieur de la spire B l'éclat du tube en A augmente, tandis qu'un noyau de fer produit l'effet contraire et peut même supprimer la décharge. Si ensuite on enferme le noyau de fer dans un tube en laiton, la décharge dans le tube placé en A est rétablie immédiatement. Réciproquement, si le noyau de laiton est enfermé dans un tube de fer, la décharge en A disparaît complètement. Cette méthode a permis à M. J. J. Thomson d'examiner l'action d'un grand nombre de corps sur la décharge oscillante. Et il résulte de ces expériences que ce sont

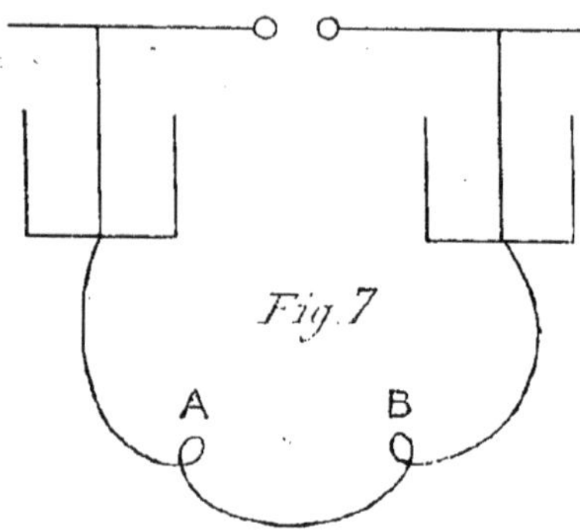

Fig. 7

surtout les couches superficielles des noyaux employés qui interviennent directement et que les propriétés magnétiques du fer se font sentir même pour les oscillations de très courtes périodes.

Pour le fer, j'ai mis en évidence cette action par l'expérience suivante (1) : considérons le circuit extérieur d'un condensateur C (*fig.* 8) en dérivation sur le secondaire d'une bobine de Ruhmkorff ou d'une machine statique de Wimshurst et insérons y, en série, une bobine de self-induction S, un tube de Geissler T, et deux électrodes E (entre lesquelles

(1) G. A. Hemsalech. — *Comptes rendus*, t. CXXX, p. 898 (1900) voir aussi *Journal de Physique*, Août 1900.

pourra éclater l'étincelle), en excitant la bobine ou en mettant en marche la machine statique on obtient une décharge oscillante qui est très bien accusée par le tube de Geissler qui en s'illuminant présente le même aspect aux deux bouts, les variations rapides de polarité ne permettant pas de distinguer la direction de la décharge. En renversant le courant dans le primaire de la bobine de Ruhmkorff on ne remarque aucun changement dans l'aspect de la décharge dans le tube; mais si on introduit progressivement un noyau de fer dans la bobine

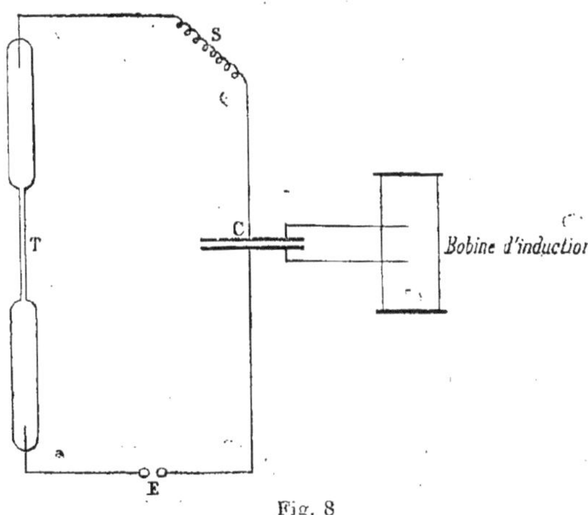

Fig. 8

de self-induction les oscillations diminuent d'abord de nombre et finalement sont complètement détruites. Toutes ces évolutions de la décharge sont admirablement signalées par le tube de Geissler. On voit en effet, de la manière la plus nette, que dès qu'on introduit le noyau de fer, l'aspect du tube change : les deux pôles qui étaient précédemment identiques quant à leur aspect, commencent à se différencier et finissent par s'établir définitivement chacun dans une des extrémités du tube, et en même temps on est témoin de l'apparition des stratifications caractéristiques très nettes. En renversant le courant dans le primaire de la bobine d'induction, on constate que la polarité du tube est également renversée. Si l'on remplace le noyau de fer par un noyau de cuivre, on ne remarque aucun changement visible.

J'ai répété ces expériences d'une manière plus précise en me servant d'une méthode photographique, déjà employée par MM. Schuster et Hemsalech (1) et qui consiste à photogra-

Fig. 9

phier l'étincelle sur une pellicule fixée sur la périphérie d'une poulie. Dans les expériences actuelles cette poulie avait 30 centimètres de diamètre et 5 centimètres de largeur et tournait entre deux pointes en acier (*fig.* 9). Pour fixer la pellicule sur la périphérie de cette poulie on se servait de deux pointes (visibles sur la figure) vissées dans cette dernière; on fixait la pellicule au moyen de ces pointes et on passait ensuite

(1) Schuster et Hemsalech. — *Phil. Trans.*, séries A., t. CLXXXXIII, p. 190 (1899).

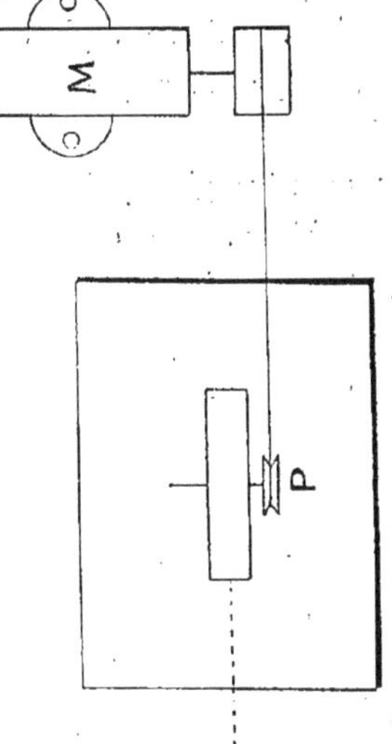

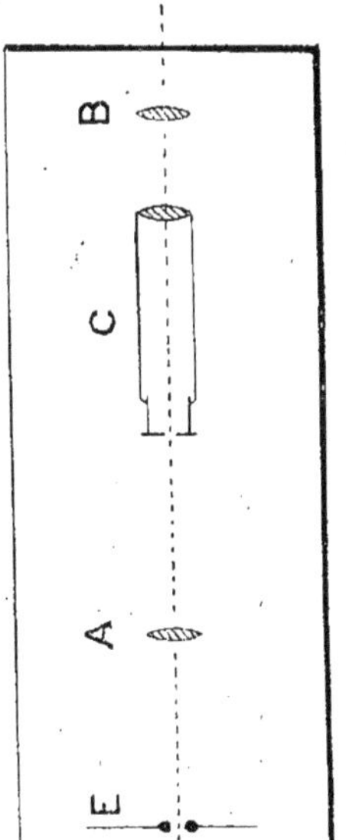

Fig. 10

quelques tours de fil de cuivre de manière à empêcher les deux extrémités de la pellicule de se détacher des pointes. La poulie est mise en rotation au moyen d'un moteur Gramme et elle pouvait, dans ces conditions, faire jusqu'à 5.000 tours par minute. Mais on n'a jamais dépassé 2.000 tours dans ces expériences et cela pour deux raisons : d'abord parce que la vitesse de 2.000 tours était suffisante ; ensuite parce que pour une vitesse supérieure à cette dernière, la pellicule est arrachée par suite de la force centrifuge engendrée. Pour obtenir une image nette on projetait l'image de l'étincelle sur la fente d'un collimateur de manière à obtenir sur la pellicule une ligne lumineuse droite et nette, comme dans les expériences de MM. Schuster et Hemsalech décrites précédemment.

DÉTAILS DES EXPERIENCES

L'excitateur a étincelles E (*fig.* 10) à électrodes interchangeables était placé devant une lentille A qui projette l'image de l'étincelle sur la fente du collimateur C. L'objectif photographique B envoie l'image de la fente sur une pellicule fixée sur la périphérie de la poulie P. Cette poulie est installée sur une autre table très solidement fixée de manière que ses vibrations ne se communiquent pas au système optique. La lentille A et le collimateur C sont fixes ; la mise au point sur la pellicule est effectuée en déplaçant l'objectif B. Le moteur M fixé sur des dalles très épaisses, communique son mouvement à la partie P par l'intermédiaire d'une courroie. Les étincelles éclatent entre les électrodes E et sont produites par la décharge d'un condensateur ayant une surface totale de trois

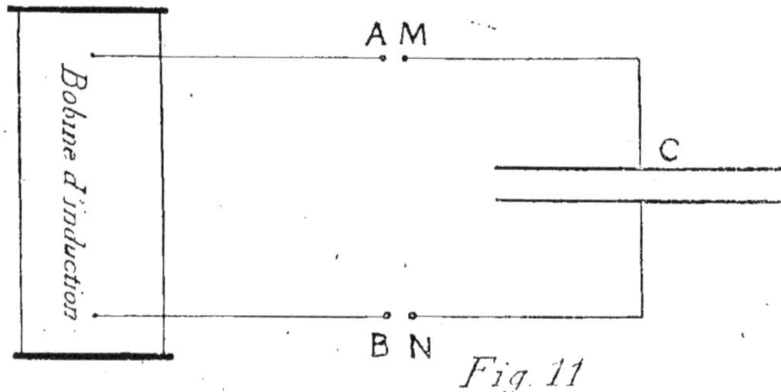

Fig. 11

mètres carrés (épaisseur du verre 3 millimètres). Ce condensateur était chargé à l'aide d'une machine de Wimshurst ou bien par une bobine d'induction. En ce qui concerne la charge du condensateur, je suis très reconnaissant à M. Lippmann qui a eu la bienveillance de m'indiquer une méthode commode de charger un condensateur : au lieu de relier les extrémités A et B (*fig.* 11) du secondaire de la bobine directement aux armatures du condensateur, on emploie deux coupures, une dans chaque branche AM et BN du circuit, et la décharge de la bobine a ainsi lieu à travers ces deux coupures ; le rôle de ces coupures est d'empêcher le condensateur de se décharger à travers le secondaire de la bobine. Avec ce dispositif on peut facilement charger des condensateurs d'une grande capacité, ce qui est impossible en employant les procédés ordinaires. En général, une seule coupure suffit et j'ai trouvé qu'avec une bobine donnant jusqu'à 25 centimètres d'étincelle, on peut charger un condensateur de 6 à 8 fois plus vite qu'avec une machine de Wimshurst à deux plateaux.

Pour obtenir une étincelle oscillante on insérait dans le circuit de décharge une self-induction qu'on pouvait faire varier à volonté. Ces réglages étant effectués on est naturellement obligé de continuer les expériences à la lumière rouge, en commençant par fixer la pellicule photographique sur la périphérie de la poulie, avec toutes les précautions indiquées ci-dessus. On charge ensuite le condensateur et on fait éclater une seule étincelle entre les électrodes (la poulie étant encore

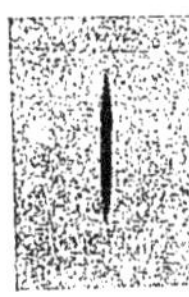

Fig. 12

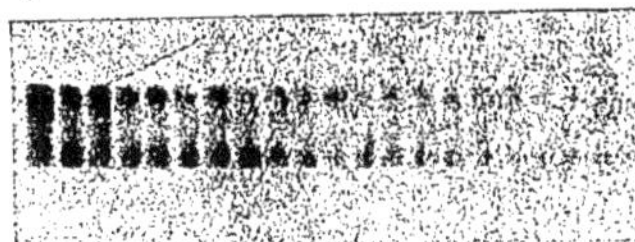

Fig. 13

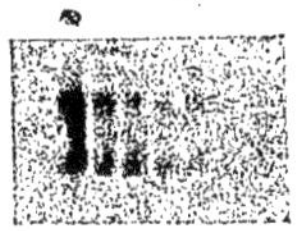

Fig. 14

immobile). Cette étincelle donne une ligne droite (image de la fente) sur la pellicule et sert de terme de comparaison. On fait enfin tourner la poulie avec la vitesse nécessaire et quand le mouvement est devenu constant, on fait éclater environ 6 à 10 étincelles dont les images se distribuent au hasard sur la pellicule. En général, ces images ne sont pas superposées.

Résultats. — Nous avons, avec le dispositif que nous venons de décrire, obtenu des photographies qui montrent de la manière la plus nette l'influence du fer sur les oscillations d'une étincelle oscillante. Quand la poulie est immobile, l'image de la fente est unique (*fig.* 12). Quand on fait tourner la poulie de manière à lui donner une vitesse périphérique d'environ 15 mètres par seconde (vitesse généralement employée dans toutes ces expériences) on obtient une série d'images de la fente correspondant aux oscillations de la décharge (*fig.* 13); la self-induction utilisée pour produire cette décharge oscillante était de 0,056 henry (1). En introduisant un petit noyau de fer de 18 millimètres de diamètre dans la bobine de self-induction, le nombre des oscillations diminue beaucoup comme le montre la *fig.* 14.

Avec un noyau de fer de 46 millimètres de diamètre, une ou deux oscillations seulement persistent.

Pour montrer que c'est seulement la surface du noyau de fer qui intervient, comme l'a déjà montré M. J. J. Thomson (2) j'ai remplacé le noyau de fer par un tube mince, de même

Fig. 15

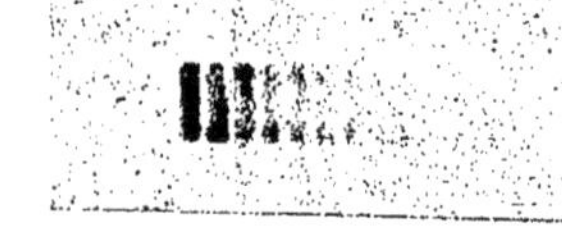

Fig. 16

diamètre que le noyau : l'action semble même plus vigoureuse qu'avec un noyau. Une de ces photographies est reproduite par la *fig.* 15. La décharge initiale est bien visible ; elle est sur cette photographie, représentée par une ligne fine. La seule oscillation bien développée ressemble plutôt à une étincelle continue. Il serait intéressant de savoir si en employant des surfaces de fer plus considérables, on pourrait dépasser cette limite et obtenir une étincelle intermittente. Mais le temps ne nous a pas permis de pousser plus loin ces expériences.

Si l'on remplace le tube de fer par un tube de cuivre, on obtient le même effet qu'avec le premier mais beaucoup plus faible, comme le montre la *fig.* 16, et on remarque en outre

(1) Je dois faire remarquer ici que sur les photographies originales la décharge initiale s'est imprimée comme une ligne faible et très fine qui précède la première oscillation.

(2) J. J. Thomson, L. C.

que l'éclat des oscillations qui sont visibles sur la pellicule, semble être augmenté un peu par le cuivre comme l'a déjà montré M. J. J. Thomson pour le laiton. En employant des self-inductions de 0,0006 et 0,003 henrys respectivement, donnant des oscillations beaucoup plus rapides, nous avons obtenu des résultats identiques aux précédents. Il résulte donc de ces expériences que la suppression des oscillations d'une décharge oscillante, dans les conditions énumérées ci-dessus, tient à deux causes : le magnétisme du fer et les courants de Foucault. Dans le cas du fer, ces deux causes s'ajoutent l'une à l'autre, tandis que dans le cas du cuivre ce sont les courants de Foucault seuls qui interviennent. *Pour obtenir des étincelles bien oscillantes on doit donc éviter toujours les bobines de self-induction à noyaux métalliques et ne jamais employer le primaire d'une bobine d'induction de Ruhmkorff*, comme on le trouve recommandé souvent, à moins que le mode de construction de la bobine permette de retirer le noyau de fer ou les tubes métalliques : qu'on emploie en général pour effectuer l'enroulement du primaire.

DEUXIÈME PARTIE

ÉTUDE DES SPECTRES PRODUITS PAR LES ÉTINCELLES ÉLECTRIQUES

DESCRIPTION DES APPAREILS

Pour étudier les spectres des étincelles électriques, je me suis servi exclusivement de la méthode photographique, méthode employée maintenant par tous les spectroscopistes. Le dispositif employé est celui de Sir Norman Lockyer (1). Ce dispositif consiste à projeter l'image de l'étincelle sur la fente d'un collimateur à l'aide d'une lentille, de sorte que l'on peut étudier successivement toutes les radiations émises par les différentes parties de l'étincelle.

Tous les appareils ont été installés dans une des grandes caves appartenant au Laboratoire des recherches physiques de la Faculté des Sciences de Paris (Sorbonne) qui était amplement pourvue de piliers solides, en pierre. C'est sur ces piliers que nous avons installé les appareils qui nous ont servi dans nos recherches, en obtenant une stabilité parfaite. En ce qui concerne les variations de température elles n'ont jamais dépassé $\pm$ 2° C. dans le courant d'une journée et elles étaient produites par un calorifère qui se trouvait dans le voisinage de cette cave.

(1) Frankland et Lockyer. — *Proceed. Royal Society*, t. XVIII, p. 79.

Bobine d'induction. — C'est une bobine du genre des bobines de Ruhmkorff (modèle Radiguet), elle peut donner jusqu'à 25 centimètres d'étincelle avec 7 ampères et 20 volts. Elle est munie d'un interrupteur phono-trembleur. Pour la

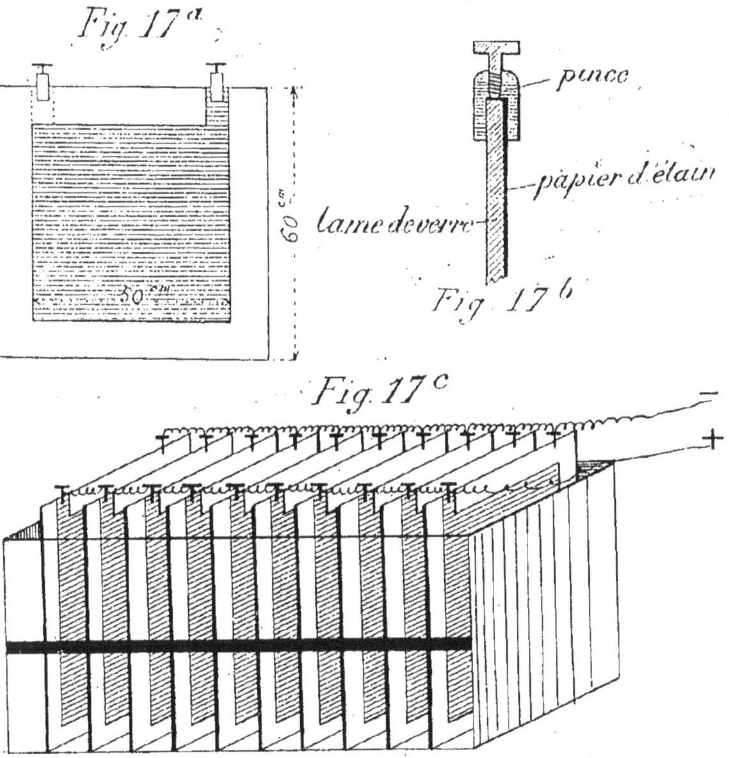

plupart des expériences le courant employé pour actionner cette bobine n'a pas dépassé 4 ampères et cela à cause de l'interrupteur qui ne fonctionne pas régulièrement avec des courants plus forts.

Condensateur. — Le condensateur qui est en dérivation sur le secondaire de la bobine d'induction, se compose de 10 plaques de verre de 60 × 60 cm. de surface et de 3 millimètres d'épaisseur chacune. Ces plaques de verre sont recouvertes, sur chaque face, d'une feuille d'étain de 50 × 50 centimètres ; et il y a en plus deux petites bandes de papier d'étain qui arrivent jusqu'au bord de la plaque de verre et qui servent à réunir chaque feuille d'étain à une borne et ces dernières peuvent être réunies ensemble de manière à avoir un condensateur monté en série (1).

Tous les détails qui précèdent sont suffisamment visibles sur la *fig.* 17. On peut calculer approximativement la capacité de chacune de ces plaques à l'aide de la formule bien connue :

$$C = \frac{S}{4\pi E} K$$

S est la surface de la feuille d'étain, E l'épaisseur du verre et K la constante diélectrique du verre.

Si nous admettons $K = 6$ on trouve pour C la valeur :

$$C = 0{,}0042 \text{ microfarad.}$$

Bobines de self-induction. — Pour la production des étincelles oscillantes, je me suis servi de deux bobines de self-induction réglables à volonté : une *petite bobine* A (*fig.* 18) qui peut donner jusqu'à 0,005 henry environ et une autre plus grande B qui peut donner jusqu'à 0,06 henry environ. Le fil employé pour ces bobines est en cuivre et a 1 mm. 2

(1) Qu'il nous soit permis de donner quelques détails sur le soin qui a été porté pour la construction de ce condensateur qui a l'avantage d'être très peu encombrant. On a d'abord commencé par laver les plaques à l'acide chlorhydrique et on les a ensuite rincées à grande eau. Après le séchage, on colle le papier d'étain en se servant d'une solution de gomme arabique.

Cette opération finie, on chauffe ensuite les bords des plaques de verre qui ne sont pas couverts d'étain jusqu'à 60° ou 70°, au-dessus d'une grille à gaz, et on finit en gomme, laquant soigneusement les bords. Je n'ai jamais eu à me plaindre du fonctionnement de ce genre de condensateur que je trouve infiniment plus commode que les bouteilles de Leyde.

de diamètre ; il est bien isolé par une couche de caoutchouc vulcanisé sur laquelle s'enroule un ruban caoutchouté ; le diamètre extérieur du fil (isolement compris) est de 3 mm. 3.

La bobine A a 20 centimètres de longueur et le noyau (en bois) sur lequel on a enroulé le fil a 1 cm. 33 de diamètre. Les joues de cette bobine ont 20 centimètres de diamètre et sont percées d'une fente allant du centre vers la périphérie, c'est à travers de cette fente qu'on fait passer le bout du fil qui constitue chaque couche ; de cette manière, on peut facilement imaginer un système qui nous permette d'employer une ou plusieurs couches de fil, ensemble ou sé-

Fig. 18

parément. Voici le procédé que nous avons adopté : à chaque fin de couche on passe le fil qui finit cette dernière à travers la fente qui se trouve dans la joue correspondante de la bobine, en le faisant dépasser de 30 à 35 centimètres, après quoi on revient, toujours à travers la fente, pour continuer l'enroulement, jusqu'à l'autre extrémité de la bobine, où on procède comme nous l'avons fait sur la fin de la 1re couche et ainsi de suite. Cela est d'ailleurs suffisamment montré sur la *fig.* 19 A et B.

On procède ensuite à la construction d'un commutateur à

godets à mercure qui sont percés dans un bloc de paraffine ayant 24 centimètres de long sur 8 centimètres de large. La bobine ayant 15 couches de fil, nécessite 30 trous

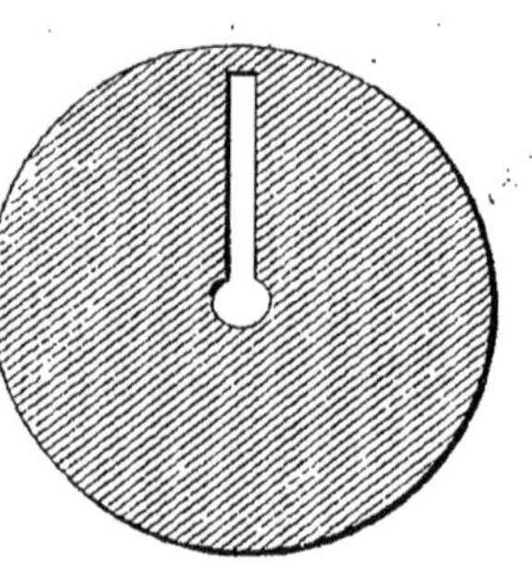

Fig. 19 a

Fig. 19 b

(godets) que nous avons rangés sur deux lignes parallèles AB, CD, à raison de 16 trous sur AB et 14 sur CD (*fig.* 20). Voici maintenant comment on procède à l'arrangement des bouts de fil que nous avons fait dépasser à travers les deux fentes pratiquées dans les joues de la bobine. On commence d'abord par numéroter ces fils (opération faite pendant la construction de la bobine) comme il suit : le commencement de la première couche est noté par 0, la fin par 1, le commencement de la seconde couche par 1 (voir *fig.* 19 B), la fin de la seconde couche par 2, et ainsi de suite, de sorte qu'on a d'un côté les numéros pairs et du côté opposé les numéros impairs. Cela fait, on numérote les trous qui se trouvent dans le bloc de paraffine de la manière suivante : sur le côté AB on écrit 0, 1, 2, 3, 4, 5, 6... 15 ; sur le côté CD on marque 1, 2, 3, 4, 5... 14. Les trous se trouvant sur le côté AB reçoivent les fils correspondant aux fins des couches, excepté le fil n° 0, et les trous se trouvant sur le côté CD, les commencements des couches. Le courant arrive dans la bobine par un fil plongeant dans le godet 0 et en sort par une petite tige métallique reliée à un contact glissant qui permet de pouvoir plonger la tige successivement dans chaque godet de la rangée AB. Quand le contact mobile plonge dans

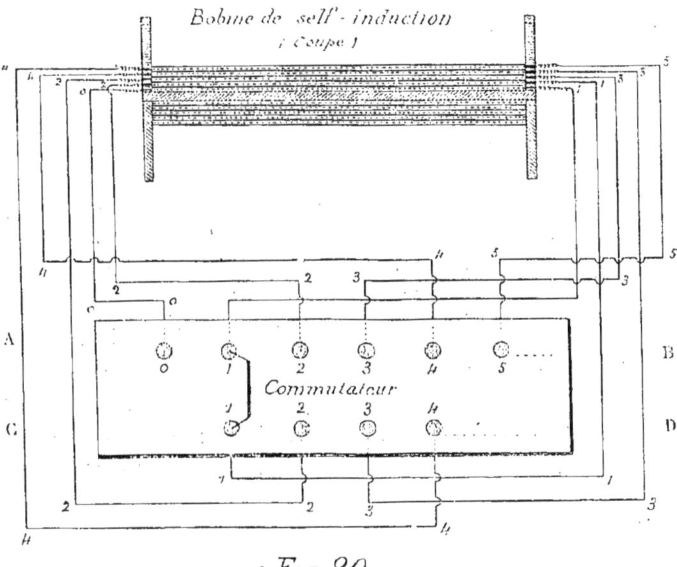

Fig. 20.

le godet 0, la bobine est hors du circuit; quand il plonge dans le godet 1 (de la rangée AB), la première couche de la bobine seulement est dans le circuit.

Pour utiliser deux couches de cette bobine, on commence par jeter un petit pont métallique entre le godet 1 de la série AB et le godet 1 de la série CD et on plonge ensuite le contact mobile dans le godet 2 de AB. Pour mettre 4 couches dans le circuit on joint 1, 2 et 3 dans la série AB avec 1, 2 et 3 de la série CD et on place le contact mobile dans le godet 4 de AB, et ainsi de suite.

La figure précédente (*fig.* 20) explique peut-être encore mieux cette disposition de fils.

La Bobine B. — Elle est enroulée sur un cylindre en carton de 50 cm. 5 de longueur et 5 cm. 5 de diamètre. Le principe de construction est le même que pour la bobine A, sauf qu'elle est moins fractionnée ; on n'a, en effet, divisé le fil que de deux en deux couches. Elle comprend 12 couches, d'environ 150 tours chacune ; les couches sont isolées l'une de l'autre par du papier buvard paraffiné.

Il résulte du mode de construction de cette bobine qu'on

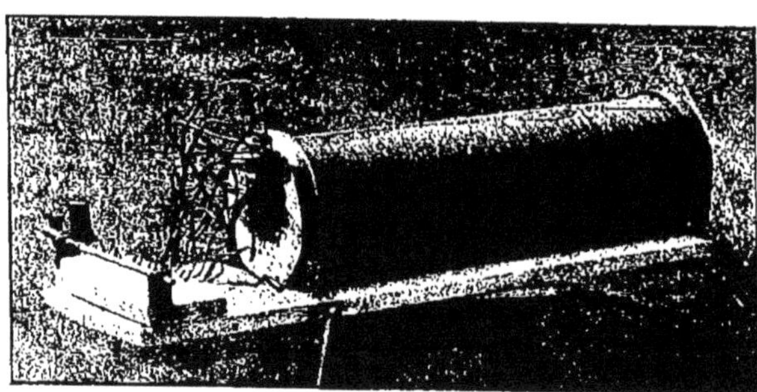

Fig. 21

ne peut employer que 2, 4, 6... 12 couches à la fois. Le dispositif permettant d'employer successivement 2, 4 etc. couches, est analogue à celui que nous avons employé pour la petite bobine. La *fig.* 21 ci-contre est une reproduction en photogravure de cette bobine.

Par raison de commodité, nous désignerons par les notations suivantes les self-inductions que nous avons utilisées dans notre travail et qui sont toutes fournies par les deux bobines que nous venons de décrire.

L'entrée du courant dans la bobine se faisant par une borne fixe, nous désignerons par :

A_1 la 1re couche de la bobine A,
A_2 les deux 1res couches de la bobine A, etc.
A_{15} les quinze couches de la bobine A.

Et de même par :

B_2 les deux 1res couches de la bobine B,
B_4 les quatre 1res couches de la bobine B, etc.
B_{12} les douze couches de la bobine B.

On a quelquefois employé les deux bobines en série ; pour exprimer cela, nous emploierons la notation suivante : pour la bobine A tout entière et les deux premières couches de B, par exemple, nous écrirons $A_{15} + B_2$; et ainsi de suite jusqu'à $A_{15} + B_{12}$.

Coefficients de self-induction des bobines A et B. — Le temps ne nous a pas permis d'effectuer des mesures *exactes* des coefficients de self-induction des bobines A et B ; dans ce qui suit, nous ne donnerons pour ainsi dire que l'ordre de grandeur de ces coefficients.

On sait que pour le cas simple d'une bobine d'assez grande longueur, on peut calculer L par la formule :

$$L = \frac{4\pi^2 n^2 r^2}{l}.$$

Cette formule exige que l soit très grand par rapport à r.

En ce qui concerne la bobine A on obtient pour la première couche, en appliquant la formule précédente : L = 0,000 000 036 henry. Pour les deux premières couches de la bobine B, on a : L = 0,0006 henry. Si maintenant l'on applique la même formule à la bobine B tout entière, on obtient comme coefficient de self-induction : L = 0,06 henry ; valeur sans doute trop faible. Quant au coefficient de la bobine A prise dans son ensemble, qui ne peut être calculé à l'aide de la formule donnée ci-dessus, nous croyons, d'après l'aspect du spectre produit avec cette bobine, qu'il doit être compris entre 0,003 et 0,008 henry. Quand les deux bobines A et B sont en série, L ne doit pas s'écarter beaucoup de la valeur de 0,06 à 0,08 henry.

Mais remarquons qu'au point de vue de la spectroscopie pratique, les détails que nous avons donnés sur la construction des bobines de self-induction variable sont infiniment plus utiles que les valeurs exactes de ces coefficients, car on peut toujours construire des bobines ayant les mêmes dimensions et contenant le même genre de fil que les bobines que nous venons de décrire.

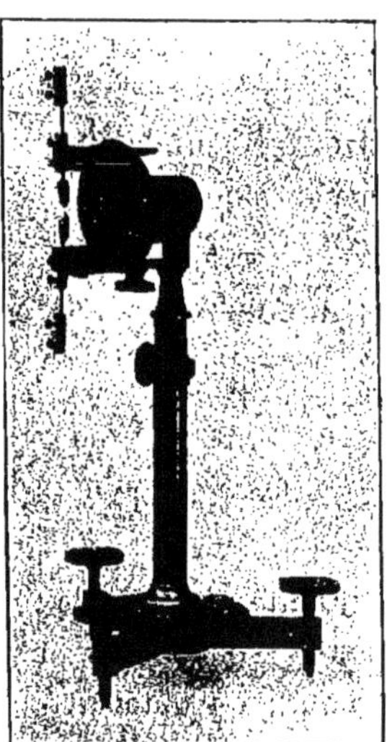

Fig. 22

Le spectro-déflagrateur. — Nous désignons par spectro-déflagrateur l'appareil qui sert à porter les électrodes. Cet appareil est d'une construction très simple ; il est basé sur le principe d'un appareil beaucoup plus précis et plus compliqué imaginé par M. V. Schumann (1). Il est constitué essentiellement d'un disque en laiton percé d'un trou en son milieu (*fig.* 22) et qui porte, aux deux extrémités d'un de ses diamètres, deux petits bouts d'ébonite sur lesquels on fixe deux serre-fils, c'est dans ces serre-fils qu'on fixe les électrodes.

L'ouverture circulaire du disque peut recevoir un tube de laiton de même diamètre qu'elle, soudé, et qui peut s'emboîter à son tour dans une bague d'un diamètre légèrement plus

(1) Konkoly. — *Handbuch fur Spectroskopiker*, p. 50, Halle (1890) voir aussi Eder *Denkschr. der K. Akad. Wiss. Wien.*, t. LVII, p. 542.

fort. On peut alors, à l'aide de ce dispositif, faire tourner le disque dans tous les azimuts; on peut, en particulier, orienter les électrodes horizontalement ou verticalement suivant le besoin. Ajoutons enfin que tout ce système est monté sur un pied à hauteur variable, muni de vis calantes, et qu'on peut faire ainsi passer à travers le tube horizontal un rayon lumineux dirigé suivant son axe.

Lentille de projection. — Elle consiste en un objectif achromatique de 5 centimètres de diamètre et de 20 centimètres de longueur focale. Elle est placée exactement au milieu de la distance qui sépare l'étincelle de la fente collimatrice (cette distance étant de 80 centimètres). On obtient de cette manière une image réelle et nette de l'étincelle. Avec ce dispositif, l'objectif du collimateur ayant aussi 5 centimètres de diamètre et une longueur focale de 40 centimètres, est complètement et uniformément éclairé par toute la lumière qui passe à travers la fente.

Collimateur. — Le collimateur est monté sur un trépied massif à vis calantes. La colonne verticale de ce trépied porte une pièce métallique horizontale très robuste, aux extrémités de laquelle sont fixées deux solides bagues à vis de pression, dans lesquelles on serrait le tube principal du collimateur ; on obtenait ainsi une grande stabilité. La lentille collimatrice a, comme nous l'avons déjà dit, 5 centimètres de diamètre et 40 centimètres de longueur focale. La fente est fixée à l'extrémité d'un tube d'un diamètre moindre que celui du tube principal et pourvu d'un tirage réglable à l'aide d'une crémaillère, sa largeur étant réglée par le mouvement micrométrique d'une de ses moitiés seulement, l'autre restant fixe. Sa longueur est de 15 millimètres. On peut utiliser des portions différentes de cette fente au moyen de petits curseurs rectangulaires pourvus de petits trous suivant l'une de ses diagonales. Ces petits trous peuvent être circulaires ou rectangulaires et peuvent défiler successivement devant la fente, grâce à une vis micrométrique qui commande le mouvement du curseur.

Les prismes et leurs supports. — Au commencement de ces recherches, je me suis servi de deux prismes en flint léger ; l'un taillé par Schmidt et Haensch, de Berlin, et dont les faces ont 55 millimètres carrés de surface, l'autre provenant de Hilger, de Londres ; ce dernier possède des faces polies de 80 millimètres de longueur et 50 millimètres de hauteur. Les angles de réfraction de ces deux prismes sont de 60°. Dans des expériences ultérieures, je me suis servi de un ou deux (selon la dispersion exigée) prismes de Rutherford construits par Steinheil, de Munich ; ces prismes sont du même type et sont fabriqués avec le même verre que le prisme qui a servi à MM. Eder et Valenta, dans leurs recherches sur les spectres du mercure (1). Chacun d'eux est constitué d'un prisme de flint de 94° 32′ d'angle de réfraction, collé entre deux autres prismes en crown placés en sens inverse et ayant chacun des angles de réfraction de 18° 30′.

Le flint constituant ce prisme a pour indice de réfraction $n = 1{,}65$; le crown, $n_D = 1{,}51$. Ces prismes ont des faces polies de 50 millimètres carrés de surface ; leurs constantes optiques sont les suivantes :

Déviation pour la raie	C	= 60°37′
» »	D	= 61°35
» »	F	= 64°9′
» »	g	= 67°9′
Dispersion	D — F	= 2°34′
»	C — g	= 6°32′

On installait ces prismes sur des petits supports à vis calantes, contenant une plate-forme divisée circulairement,

(1) Eder et Valenta, *Denkschr. der K. Akad. Wiss. Wien*, t. LXI, p. 429 (1894).

mobile autour d'un axe et pourvue d'un index qui sert à faire connaître l'angle de rotation. Le collimateur, la plate-forme en fer, les petits supports pour le prisme, ainsi qu'une lunette d'observation pourvue d'un micromètre oculaire, ont été construits par Mailhat, de Paris.

La Chambre photographique. — C'est une chambre photographique ordinaire à soufflet d'une longueur maximum de 125 centimètres. Comme objectifs, nous avons employé deux objectifs astronomiques dont l'un a 60 millimètres de diamètre et 80 centimètres de longueur focale, et l'autre a 75 millimètres de diamètre et 105 centimètres de longueur focale. Le cadre dans lequel glisse le châssis peut tourner autour d'un axe vertical dont la direction passe par le milieu de la plaque sensible contenue dans le châssis. L'angle de rotation est donné par un cercle divisé en demi-degrés. La rotation maximum ne peut dépasser 30° de chaque côté de la position moyenne. Pour la mise au point, on utilise une crémaillère qui est montée sur l'appareil et qui communique au cadre un mouvement rectiligne et lent; son déplacement est lu sur une échelle divisée en millimètres.

Le châssis est en outre pourvu d'un dispositif qui permet de déplacer la plaque photographique dans le sens vertical, de manière qu'on puisse photographier sur la même plaque une série de spectres l'un au-dessus de l'autre. Voici ce dispositif : on introduit à l'intérieur du châssis en bois un cadre d'aluminium de 60 × 160 mm., qui peut recevoir une plaque sensible de mêmes dimensions et qui peut se déplacer dans le sens vertical, grâce à un double ressort en × et une longue vis qui traverse le chassis en bois et vient buter contre la partie du cadre d'aluminium qui est opposée au ressort en × (*fig.* 23). La course totale de cette vis est de 36 mm. La plaque sensible est placée dans ce cadre qui est fermé par derrière par une plaque d'aluminium munie de deux petits ressorts qui appuient contre la plaque. Le châssis est ensuite fermé complètement par un couvercle en bois.

Il faut remarquer ici que le châssis étant construit en bois, le déplacement du cadre intérieur ne se poursuit pas avec précision ; mais cela n'a pas d'importance dans les expériences pour lesquelles le dispositif fut destiné. Cette chambre photographique a été construite par Billcliffe, de Manchester.

Plaques photographiques et révélateurs. — Pour le jaune, le vert et le bleu, nous avons employé des plaques isochromatiques de Edwards. Pour le violet et l'ultra-violet nous avons employé des plaques Lumière et Météor. Les plaques

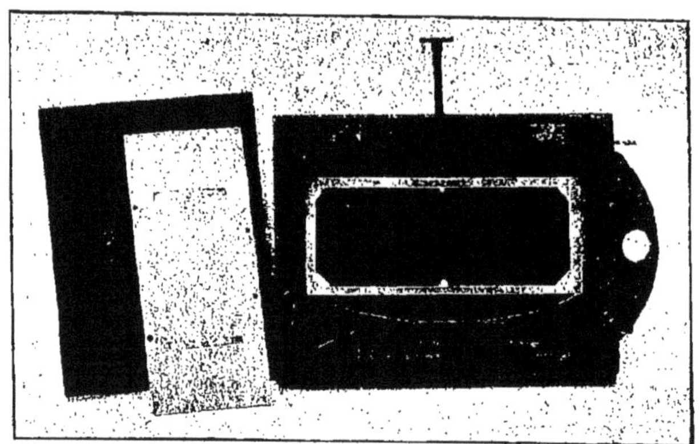

Fig. 23

Météor sont plus sensibles et le grain est beaucoup plus fin que dans les plaques Lumière.

Comme révélateur, nous avons employé l'hydroquinone et le cristallos.

II. Montage et réglage du Spectrographe

A. — *Le Collimateur, l'Etincelle et la lentille de projection.* — Avant d'installer le collimateur, il faut placer la fente dans le foyer de l'objectif, pour que les rayons qui sortiront à travers l'objectif soient parallèles. On sait qu'en général, les objectifs ne sont corrigés que pour deux couleurs seulement, par conséquent, il y a un très grand nombre de foyers différents correspondant aux différentes raies ; il est donc nécessaire de choisir un foyer moyen où on placera la fente. Si notre appareil est destiné à la photographie, nous choisirons comme foyer moyen le foyer des rayons violets, c'est-à-dire des rayons qui se trouvent à peu près au milieu du spectre photographique donné par un appareil à prismes en verre. La mise au point de la fente du collimateur s'effectue à l'aide d'une lunette astronomique réglée à l'infini pour les rayons violets ; il suffit pour cela de placer devant l'objectif de la lunette une lame plane de verre violet, on vise un objet éloigné à travers ce verre violet et on met au point en déplaçant l'oculaire. Cela fait, on place la lunette devant le collimateur, les deux objectifs étant l'un en face de l'autre et leurs axes optiques étant suivant une même ligne droite. On intercalle ensuite la lame entre les deux objectifs et, devant la fente, on place une source de lumière continue (un bec de gaz, par exemple). On vise enfin la fente au moyen de la lunette, sans toucher à cette dernière, et la mise au point est effectuée exclusivement en déplaçant, à l'aide de la crémaillère, le petit tube qui porte la fente. Le collimateur est maintenant prêt pour pouvoir être monté. On l'installe de manière que la fente soit tournée vers l'étincelle et on le met de niveau à l'aide d'un niveau à bulle d'air et des vis calantes (en supposant, bien entendu, que l'axe géométrique coïncide avec l'axe optique). Cela fait, il est absolument nécessaire de fixerle collimateur dans cette position ; nous avons employé, à cet effet, de la paraffine chauffée jusqu'à la fluidité, et que nous avons fait couler autour des points de contact des vis calantes avec le pilier sur lequel était placé ce collimateur.

Pour assurer l'immobilité complète de l'appareil, la couche de paraffine doit être assez épaisse (environ 5 millimètres).

Le collimateur étant ainsi fixé, on procède au montage du spectro-déflagrateur. Nous avons déjà dit que la lentille de projection était destinée à être placée exactement au milieu, entre la fente et l'étincelle, et que, dans notre cas, la distance de la lentille à la fente était réglée à 40 centimètres ; il faut donc placer l'étincelle à 80 centimètres de la fente et la condition essentielle à remplir est que l'étincelle doit être dans la direction de l'axe optique du collimateur. On effectue ce réglage de la manière suivante : soit AB (*fig.* 24) le collimateur ; la fente étant en B on place l'étincelle D, qui ne doit pas avoir plus d'un millimètre de longueur, à peu près suivant l'axe du collimateur et à une distance d'environ 80 centi-

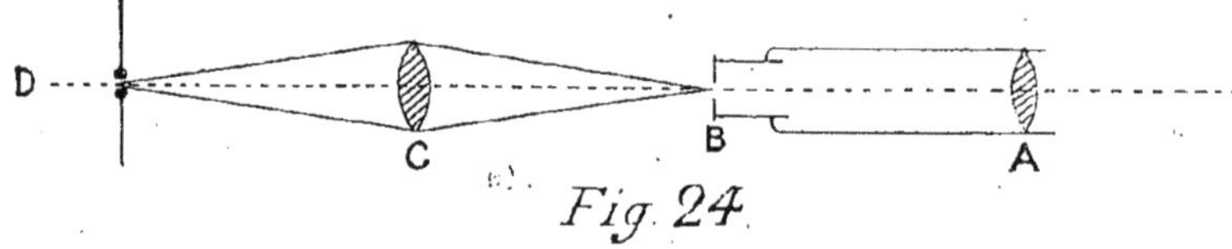

Fig. 24.

mètres de la fente ; on interpose ensuite la lentille de projection C entre l'étincelle et la fente B et on s'arrange de manière que BC = AB = environ 40 centimètres = la longueur focale du collimateur. Si maintenant l'étincelle n'est pas au point sur la fente B, on déplace le déflagrateur jusqu'à ce que l'on obtienne une image nette de l'étincelle sur la fente. Cela fait, on enlève la lentille C, on ouvre la fente jusqu'à un millimètre environ de largeur et l'on place devant cette fente un des curseurs dont nous avons parlé plus haut, ayant une ouverture d'un millimètre de diamètre et se trouvant juste en face du milieu de la fente. On place ensuite devant l'objectif A du collimateur, un diaphragme dont l'ouverture a un millimètre de diamètre de manière que l'axe du collimateur passe par le centre de la fente B et par le centre de l'ouverture en question et on règle la position de l'étincelle de sorte qu'en regardant à travers ce trou dans la direction de la fente B, on aperçoit l'image de l'étincelle. Pour bien s'assurer que l'étincelle est dans l'axe du collimateur, on n'a qu'à déplacer le diaphragme devant l'objectif A. Si, en déplaçant ce diaphragme dans toutes les directions, excepté celle suivant l'axe du collimateur, la lumière disparait, l'étincelle est bien suivant cet axe. Si, au contraire, en déplaçant ce diaphragme, l'image de l'étincelle devient plus intense dans certaines positions que dans d'autres, cela prouve que l'étincelle n'est pas suivant l'axe et par la position de l'ouverture du diaphragme pour le maximum de lumière, on peut facilement en déduire dans quel sens il faut déplacer l'étincelle. Ce réglage étant fait, on enlève le diaphragme que nous avions mis devant l'objectif A et on intercalle de nouveau la lentille de projection C, de manière que l'image de l'étincelle tombe sur la fente après avoir traversé le petit trou du curseur que nous avons installé devant la fente. Si tout est bien réglé, l'objectif A doit être complètement et uniformément éclairé par la lumière de l'étincelle. On peut contrôler ce réglage en se plaçant devant l'objectif A et en visant la fente : on doit alors apercevoir l'image de l'étincelle à travers toutes les parties de la surface de la lentille collimatrice. Etant assuré de ce réglage, on fixe la position de la lentille C avec de la paraffine, comme cela a été fait pour le collimateur.

Il ne reste donc plus que le déflagrateur comme appareil mobile et on peut profiter de sa mobilité pour changer les électrodes ou corriger la mise au point.

B. — *Le prisme et l'appareil photographique.* — Le prisme est placé sur un des petits supports à vis calantes, que nous avons décrits précédemment, et ceux-ci sont à leur tour placés sur la plate-forme en fer qu'on a préalablement rendue horizontale. A l'aide d'un petit niveau à bulle d'air qu'on place sur le prisme, on rend ce dernier horizontal en agissant sur les vis calantes. Si le prisme est bien travaillé, ses faces doivent, maintenant, être verticales. On ajuste ensuite la hauteur de la plate-forme de manière que le centre du prisme soit suivant l'axe optique du collimateur.

M. Victor Schumann (1) a montré que la meilleure mise au point moyenne pour toutes les raies spectrales sur la plaque photographique, est obtenue quand le prisme est au minimum de déviation *pour la raie la plus réfrangible*. Pour notre spectographe, une des raies les plus réfrangibles photographiées, était la raie ultraviolette du cadmium $\lambda = 3610,66$ A et nous avons mis notre prisme au minimum de déviation pour cette raie. Il est évident qu'on doit faire ce réglage photographiquement. Voici comment on procède. On projette sur la fente du collimateur l'image d'une étincelle éclatant entre deux électrodes en cadmium ; on place ensuite le prisme devant l'objectif du collimateur et en visant le spectre à l'œil nu à travers le prisme, on tourne le petit support du prisme jusqu'à ce que la raie la plus réfrangible qu'on puisse voir, qui est en général la raie de l'azote $\lambda = 3995,2$ soit à peu près au minimum de déviation. On doit en même temps s'arranger de manière que le prisme soit bien éclairé par la lumière sortant du collimateur. Cela fait, on fixe la grande plate-forme sur le pilier qui la supporte avec de la paraffine fluide et on procède de la même manière au fixage du petit support du prisme sur la plate-forme dont nous venons de fixer la position. Il ne nous reste plus maintenant qu'à installer la chambre photographique. Il est d'abord évident que l'axe optique de l'appareil photographique doit être au même plan que le centre du prisme et l'axe du collimateur. L'objectif doit se trouver tout près du prisme pour qu'il reçoive toute la lumière sortant de ce dernier. Si l'on place

(1) Eder, Denkschr. K. Akad. Wiss. Wien, t. LVII, p. 536 (1890).

l'œil au foyer de l'objectif photographique, on doit voir ce dernier uniformément éclairé par les rayons qui sortent du prisme.

On procède ensuite à la mise au point provisoire du spectre. On commence, à cet effet, par tracer au diamant quelques raies sur une plaque de verre transparente qu'on place dans le cadre en aluminium, qui est à son tour installé dans le châssis en bois. Sur l'autre côté de la même plaque, on appuie une loupe qu'on met au point sur ces raies, et qu'on peut promener sur toute la surface de la plaque de verre, dont la face portant les traces marquées au diamant reste toujours au foyer de la loupe. En faisant éclater l'étincelle et en appuyant la loupe contre la plaque on observe le spectre comme dans une lunette et on commence par mettre au point d'abord le milieu du spectre (la partie qui se trouve au milieu de la plaque) en se servant de la crémaillère dont est pourvue la chambre photographique. On déplace ensuite la loupe vers la partie rouge du spectre et on effectue la mise au point par le mouvement rotatoire autour d'un axe vertical (qui passe par le milieu du spectre) dont est pourvu le cadre portant le châssis, de manière que la partie médiane du spectre, mise au point préalablement, reste toujours au point. Cela suffit pour la mise au point provisoire. On peut maintenant faire le réglage photographique du prisme. Pour trouver la position du minimum de déviation pour une raie quelconque, on photographie sur la même plaque une série de spectres l'un au-dessous de l'autre, en augmentant pour chaque spectre l'angle de rotation du prisme d'une quantité constante qu'on lit sur le petit cercle gradué de la petite plate-forme qui supporte le prisme. Chaque raie du spectre initial, considérée successivement dans la série de spectres photographiés l'un au-dessous de l'autre, forme une courbe à l'aide de laquelle on peut facilement trouver la valeur de l'angle correspondant au mininum de déviation pour cette raie ; ces considérations peuvent évidemment s'appliquer à une raie quelconque. La série de spectres que nous avons photographiés, comme nous venons de le dire, pour le réglage du prisme de notre spectrographe, est représentée par la *fig.* 25. Le prisme était préalablement mis au minimum de déviation pour la raie $\lambda = 3\,995{,}2$; et on le tourne ensuite d'un angle de 5° à partir de cette position et on revient sur ses pas en prenant successivement des angles de 1° jusqu'à ce qu'on ait parcouru en tout 10° ; on obtient ainsi une série de 11 spectres où le spectre qui est au minimum de déviation pour la raie $\lambda = 3\,995{,}2$ est au milieu. C'est ainsi que nous avons trouvé que la position du minimum de déviation de la raie $\lambda = 3\,610{,}7$ ne diffère que de 2° de la position du minimum de déviation de la raie 3 995,2. Si on emploie plusieurs prismes on doit, naturellement, répéter le réglage pour chacun d'eux. Ce réglage étant fait, il ne nous reste plus

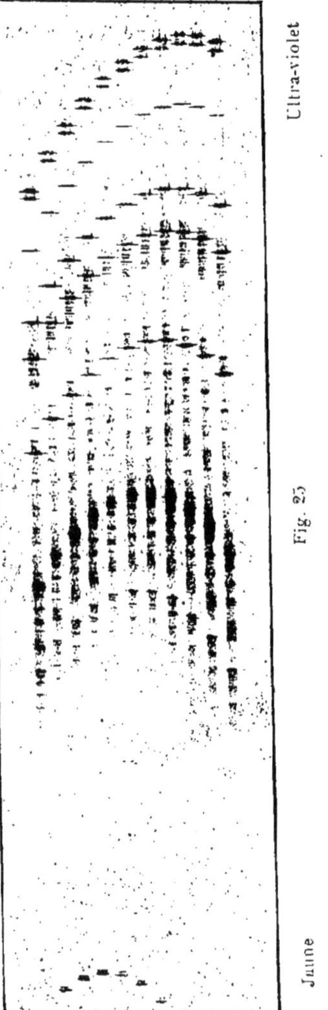

Fig. 25

maintenant qu'à faire la mise au point définitive de l'appareil photographique. On l'effectue photographiquement, mais on ne peut pas se servir, à cet effet, du spectre de cadmium parce qu'il contient trop peu de raies et la plupart de ces raies ne sont pas assez nettes pour ce réglage. Nous nous sommes alors servi du spectre du fer obtenu à l'aide de l'étincelle oscillante. Comme on le sait, ce spectre est très riche en raies et elles sont distribuées dans toute sa longueur. Avec l'étincelle oscillante, ces raies deviennent très nettes et acquièrent un éclat extraordinaire.

On commence d'abord par la mise au point d'une raie qui se trouve au milieu de la plaque. Pour effectuer cette mise au point, on donne une inclinaison fixe au châssis et on prend une série de photographies d'un même spectre, les unes au-dessous des autres, en faisant varier la distance de l'objectif au châssis. Cette variation de distance ne dépassait pas un millimètre ou 2 millimètres, suivant les circonstances, pour deux spectres successifs. La position du châssis par rapport à l'objectif est donné pour chaque spectre par l'échelle graduée rectiligne dont est munie la chambre photographique. En comparant cette série de spectres on détermine le foyer correspondant à la raie moyenne et on fixe le châssis dans la position correspondante. On procède ensuite à la mise au point des raies se trouvant dans toute l'étendue du spectre. Pour effectuer cette mise au point on fait varier l'inclinaison du châssis en laissant constante la distance du centre du chassis à l'objectif et on prend ainsi une série de photographies d'un même spectre mais correspondant à des inclinaisons différentes. Il est évident que la raie du milieu sera toujours au point dans toute la série de photographies, tandis que les raies avoisinant les deux extrémités de la plaque photographique seront plus ou moins au point, selon l'angle d'inclinaison. Parmi cette série de photographies du même spectre il y en a une pour laquelle la raie extrême vers le rouge est au point; désignons par α l'angle d'inclinaison correspondant à ce spectre. Il y a également un autre spectre pour lequel la raie extrême vers le violet est au point : soit β l'angle d'inclinaison correspondant à ce spectre. En donnant maintenant à l'angle d'inclinaison la valeur $\frac{\alpha+\beta}{2}$ il est évident que la diacaustique formée par les foyers des différentes raies, touche la plaque photographique à peu près dans son milieu. Pour obtenir une mise au point moyenne, il est nécessaire que la diacaustique coupe la plaque en deux points situés chacun à une distance de l'extrémité de la plaque égale à environ un quart de la longueur de la plaque. Il est donc nécessaire de photographier une troisième série de spectres en laissant constant l'angle d'inclinaison $\frac{\alpha+\beta}{2}$ et en déplaçant le châssis vers l'objectif. Un examen microscopique suffit alors pour trouver la position cherchée.

Il faut remarquer ici que ce réglage est le plus difficile de tous et en général trois séries de spectres ne suffisent pas.

Spectres d'une étincelle ordinaire. — On sait depuis longtemps que l'étincelle ordinaire donne lieu à deux spectres différents : un spectre dû au gaz dans lequel éclate l'étincelle et un spectre dû au métal qui constitue les électrodes. Des expériences de MM. Schuster et Hemsalech (1) il résulte que ces deux spectres ne se produisent pas en même temps l'un à côté de l'autre, mais que c'est bien le spectre de l'air qui apparaît le premier et qui dure seulement un temps excessivement petit. Après l'extinction du spectre de l'air, apparaît le spectre du métal qui reste visible pendant un temps plus long que celui de l'air. L'intervalle de temps qui sépare ces deux phénomènes est très court et on voit ces deux spectres toujours en même temps et superposés. Il est naturellement facile de

(1) Schuster et Hemsalech, *l. c.*

distinguer le spectre de l'air du spectre du métal qui constitue les électrodes ; le premier reste, en effet, le même pour tous les métaux entre lesquels on fait jaillir l'étincelle, tandis que le spectre du métal change avec la nature des électrodes.

Le spectre de l'air se compose du spectre de lignes de l'azote, celui de l'oxygène et de la raie rouge de l'hydrogène. Pour quelques métaux on obtient aussi quelques bandes, quoique très faibles, faisant partie du spectre de bandes de l'azote. L'éclat du spectre de l'air varie beaucoup avec la nature des électrodes et la longueur de l'étincelle. Quand l'étincelle est longue, le spectre de l'air est très marqué ; quand l'étincelle est courte (de 2 à 4 millimètres) les raies de l'air deviennent plus faibles. Ces raies de l'air s'étendent toujours sur toute la largeur du spectre.

Dans les spectres des métaux on distingue des raies « longues », c'est-à-dire des raies qui vont d'une électrode à l'autre, et des raies « courtes » qui se trouvent seulement au voisinage des électrodes. Les raies courtes appartiennent à une température plus élevée que les raies longues, comme l'a montré M. Lockyer dans ses recherches devenues classiques (1). Ajoutons encore que les raies courtes sont en général diffuses, tandis que les raies longues sont plus ou moins nettes.

Spectres des étincelles intermittentes. — En insérant dans le circuit de décharge une résistance électrolytique de $CuSO_4$ le spectre diminue subitement d'intensité (surtout les raies de l'air) ce qui s'explique par l'abaissement considérable de la température. En augmentant la résistance, en employant par exemple de l'eau, on peut éliminer complètement le spectre de l'air. Avec une résistance d'eau de 1 centimètre de longueur et à peu près 1 centimètre carré de section, on obtient un spectre très faible qui ne contient que les raies les plus vives

(1) Lockyer. — *Researches in spectrum analysis in connexion with the spectrum of the sun*, 5 parts, 1872-1878.

de basse température du métal. Si on augmente encore la résistance, l'éclat du spectre atteint un maximum avec une résistance d'environ 6 centimètres d'eau. En augmentant davantage la résistance, l'éclat du spectre diminue de nouveau (1). Mais même pour l'éclat maximum ces spectres sont si faibles qu'il faut absolument renoncer à l'emploi des étincelles intermittentes pour la spectroscopie des métaux. En ce qui concerne les solutions salines, cette méthode paraît pouvoir rendre des services, et elle a, en effet, été employée par Kirchhoff (2) et Thalen (3).

Spectres des étincelles oscillantes. — En prolongeant la décharge d'un condensateur, à l'aide d'une self-induction, le spectre de l'étincelle subit des modifications considérables. Le fait le plus frappant est que le spectre de l'air disparait complètement, tandis que les raies métalliques restent seules. Ce phénomène a été observé pour la première fois par MM. Schuster et Hemsalech (4). Un examen préliminaire nous avait montré que la modification subie par le spectre *métallique* dépendait surtout de la nature du métal constituant les électrodes, Ainsi, pour certains métaux, presque toutes les raies deviennent plus vives avec l'augmentation de la self-induction, tandis que les raies correspondant à d'autres métaux s'affaiblissent ou même disparaissent complètement. Avec certains métaux on observe, dans un même spectre, des raies qui augmentent d'intensité et d'autres qui s'affaiblissent en augmentant la self-induction. Nous avons, en outre, constaté que ce sont les raies de haute température qui s'affaiblissent et les raies de basse température qui deviennent plus

(1) G. A. Hemsalech. — *Journal de Physique*, août 1900.

(2) C. Kirchhoff. — *Untersuch. ub. d. Sonnenpectrum u. d. Spectren d. Elemente*, p. 8, Berlin, 1862.

(3) Hasselberg. — *Journ. de Phys.*, mars 1900.

(4) Schuster et Hemsalech, *l. c.*

vives (1). Cela nous avait mené à conclure que ces transformations seraient dues à l'abaissement de température de l'étincelle ; mais des expériences ultérieures (2) nous ont montré que l'abaissement de la température de l'étincelle n'est pas la cause unique de ce phénomène. Aussi nous sommes-nous proposé d'étudier méthodiquement ces transformations dues à la self-induction du circuit de décharge, en introduisant plus de précision et en employant des appareils perfectionnés et construits exprès pour ce but.

Nous avons été obligés de limiter nos recherches à un certain nombre de métaux et à une certaine région du spectre, car l'immense étendue que peut prendre ce genre de recherches ne nous aurait pas permis, du moins pour le moment, de nous étendre plus loin dans les régions spectrales encore inexplorées. La région spectrale que nous avons explorée est comprise entre $\lambda = 5\,900$ A et $\lambda = 3\,500$ A. Il sera très intéressant, dans des recherches futures, d'aller plus loin dans l'ultraviolet à l'aide de prismes et de lentilles en quartz. C'est, en effet, dans cette partie du spectre que se trouvent des raies et des groupes de raies fort intéressants et importants (3). Les métaux que nous avons étudiés sont les suivants : Fe, Mn, Ni, Co, Zn, Cd, Mg, Al, Sn, Pb, Bi, Sb, Cu, Ag. Ainsi que nous l'avons déjà dit, nous nous sommes servi de la photographie ; c'est, en effet, le seul moyen sûr d'observer des transformations progressives dans un spectre. L'appareil dispersif était celui décrit plus haut. Pour la partie comprise entre $\lambda = 5\,900$ et $\lambda = 4\,300$ A nous avons employé deux prismes de Rutherford taillés par Steinheil. Au-delà de 4 300 A nous avons remplacé un des prismes de Rutherford par un prisme en flint léger

(1) *Journal de Physique*, août 1900.

(2) *Journal de Physique*, t. VIII, p. 642 (1899).

(3) M. Eugène Néculcéa est justement en train d'étudier au Laboratoire des recherches physiques, à la Sorbonne, les raies spectrales dans l'ultraviolet au point de vue de l'influence de la self-induction.

provenant de chez Hilger. La dispersion et le pouvoir séparateur de cet appareil était tel, qu'on pouvait facilement distinguer les doublets du spectre du fer ; on pouvait, par exemple, distinguer les doublets :

3760.66 } 3926.05 } 4638.13 }
3760.17 } 3925.74 } 4637.66 ; } sur la plaque photographique ces doublets sont très nets.

Au commencement de ces recherches, nous ne nous sommes servi que de la grande bobine de self-induction que nous avons appelée B. Voici comment nous avons procédé. On plaçait l'étincelle parallèlement à la fente et on projetait son image sur cette dernière ; de cette manière il y a un rapport constant entre la largeur du spectre et la longueur de l'étincelle, de sorte qu'on pouvait facilement examiner les raies dues aux différentes parties de l'étincelle. C'est là la méthode de M. Lockyer. En déplaçant successivement le châssis, on photographiait une série de 5 spectres l'un au-dessous de l'autre, en augmentant progressivement la self-induction. Voici les valeurs des self-inductions correspondant à ces 5 spectres :

Spectre	N°	I	sans	self-induction
«	N°	II	avec	B_2
«	N°	III	«	B_4
«	N°	IV	«	B_8
«	N°	V	«	B_{12}

On répétait cette opération avec des étincelles de longueurs différentes (de 1 à 3 millimètres de longueur) et avec une ou plusieurs plaques de notre condensateur plan. Une fois la self-induction la plus efficace trouvée, on photographiait encore deux séries de spectres : l'un en faisant varier le temps de pose, l'autre en faisant varier la capacité du condensateur. Ceci fait, on plaçait l'étincelle horizontalement, ce qui nous permettait de photographier le spectre de l'auréole. C'est ainsi que nous avons pu constater qu'avec la self-induction fournie par la bobine B_2 le spectre entier, comprenant les raies de l'air ainsi que les raies métalliques, était plus ou moins affaibli, et qu'avec B_4 les raies de l'air disparaissaient complètement ; quant aux raies métalliques, certaines d'entre elles devenaient plus vives pendant que d'autres diminuaient beaucoup d'intensité. En continuant à augmenter la self-induction par l'emploi des bobines B_8 et B_{12}, il y avait pour certaines raies une augmentation considérable dans l'éclat, d'autres s'affaiblissant ou même disparaissant complètement. L'affaiblissement d'une raie métallique sous l'influence de la self-induction s'effectue par la raie devenant de plus en plus « courte », de manière que les dernières traces de cette raie se manifestent comme de petits points lumineux situés aux bouts des électrodes. Les raies qui sont renforcées sont toutes des raies « longues » et elles restent également longues dans l'étincelle oscillante. Avec certains métaux on obtient le spectre de bandes négatif de l'azote. Ces résultats nous indiquent qu'il y a des variations très grandes entre le spectre de l'étincelle ordinaire et celui de l'étincelle oscillante obtenu en employant la bobine B_4, mais à partir de cette valeur de la self-induction et jusqu'à la valeur B_{12} les variations observées sont beaucoup plus lentes.

C'est pour étudier ces variations produites par les self-inductions comprises entre O et B_4 que nous avons construit, sur le conseil de M. Victor Schumann, auquel nous avions communiqué ces résultats, la petite bobine de self-induction que nous avons désignée par la lettre A. M. Schumann a également eu la bonté d'attirer notre attention sur une méthode très élégante, qui lui est due, de représenter photographiquement les modifications d'un spectre sous l'action d'une cause progressivement variable. Cette méthode consiste à photographier une longue série de spectres l'un au-dessous de l'autre et sur la même plaque, en faisant varier progressivement la cause influente (dans notre cas, la self-induction), le temps de pose étant le même pour chaque spectre. Pour réaliser cette méthode de M. Schumann nous avons installé, devant la fente du collimateur, un diaphragme ayant une ouverture de 0 mm. 5 et qu'on plaçait au milieu de la fente. La partie médiane de l'étincelle, qui avait environ de 2 à 3 millimètres de longueur, était projetée sur cette ouverture. De cette manière, les spectres photographiques d'une même série étaient tous produits par la même partie de l'étincelle, ce qui est important pour leur comparaison.

La largeur du spectre photographique sur la plaque, produit par un seul prisme de Rutherford, était de 1 millimètre. L'étincelle était produite par deux plaques de notre condensateur, ce qui correspond à une capacité de 0,0084 microfarad (environ) ; on mettait les deux bobines de self-induction en série et on commençait à faire passer la décharge à travers une, deux, trois... couches de la petite bobine A, cette bobine étant plus fractionnée que la bobine B ; et cela parce que, ainsi que nous l'avons déjà dit, les variations dans le spectre sont très rapides au début, mais elles deviennent plus lentes à partir d'une certaine valeur de la self-induction. Après avoir parcouru toutes les couches de la bobine A on ajoutait ensuite (en série avec A_{15}) deux, quatre, six..., jusqu'à douze couches de la bobine B ; on obtenait ainsi une série de 22 spectres, en comprenant dans ce nombre celui de l'étincelle ordinaire, qui est le premier sur la plaque photographique. Voici la distribution de la self-induction dans une telle série de spectres :

Spectre n°	1	sans self-induction
»	2	avec A_1
»	3	» A_2
»	4	» A_3
	:	:
»	:	:
»	:	:
»	:	:

Spectre n° 16		avec	A_{15}
»	17	»	$A_{15} + B_2$
»	18	»	$A_{15} + B_4$
	:		:
	:		:
»	:		:
	:		:
»	22	»	$A_{15} + B_{12}$

Cette opération a été répétée pour chacun des quatorze métaux que nous avons étudiés. Les *fig.* 26, 27, 28 et 29, obtenues par cette méthode, représentent les transformations successives des spectres du fer (*fig.* 26), du cobalt (*fig.* 27),

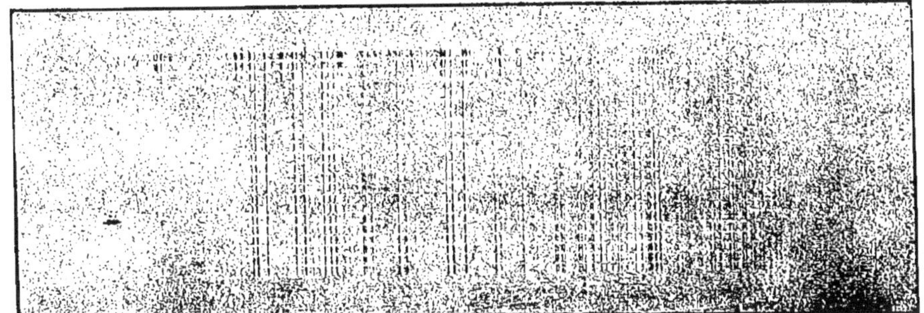

Jaune — Fig. 26 — Ultrà violet

du plomb (*fig.* 28) et du magnésium (*fig.* 29), sous l'influence de la variation progressive de la self-induction du circuit de décharge. Le temps de pose pour chaque spectre se rapportant à la série correspondante était de 1 minute pour le fer, le plomb et le magnésium, et 2 minutes pour le cobalt..

En examinant ces séries de spectres, on peut facilement constater qu'au début toutes les raies d'un spectre diminuent avec l'augmentation de la self-induction. Parmi ces raies, il y en a quelques-unes qui diminuent rapidement, d'autres qui diminuent lentement et d'une manière continue ; d'autres encore qui diminuent jusqu'à atteindre un minimum et augmentent ensuite considérablement en intensité, atteignent un maximum pour diminuer de nouveau.

Nous n'avons pu constater avec certitude de quelle manière les positions du minimum et du maximum dépendent de la

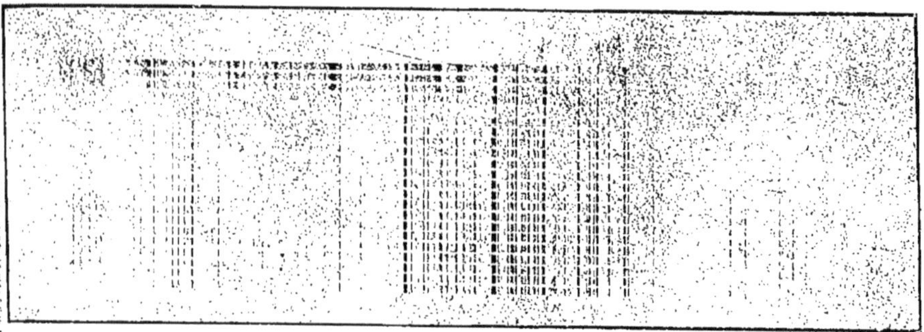

Jaune Fig. 27 Ultra violet

capacité ou de la longueur de l'étincelle, car il est impossible de reconnaître la position exacte du minimum ou du maximum dans une pareille série de spectres, à cause des légères diffé-

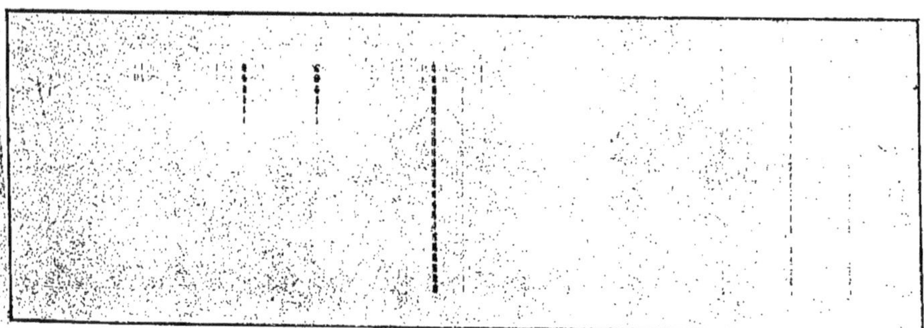

Jaune Fig. 28 Ultra-violet

rences qui existent toujours entre deux spectres successifs. Deux spectres, quoique photographiés dans les mêmes conditions, ne sont, en effet, presque jamais pareils l'un à l'autre : il y a toujours quelque détail dans l'un qui manque dans l'autre.

La plupart de ces irrégularités proviennent probablement de la non uniformité de fonctionnement de l'interrupteur de la bobine d'induction ; elles dépendent aussi de la nature du métal qui constitue les électrodes : ainsi, par exemple, avec des électrodes en manganèse, la distance explosive augmente très rapidement et, au bout de quelques minutes, elle passe de 1 à 4 millimètres.

Aussi, malgré les indications qui semblent montrer que l'augmentation de la capacité diminue la valeur de la self-induction correspondant à un maximum ou à un minimum,

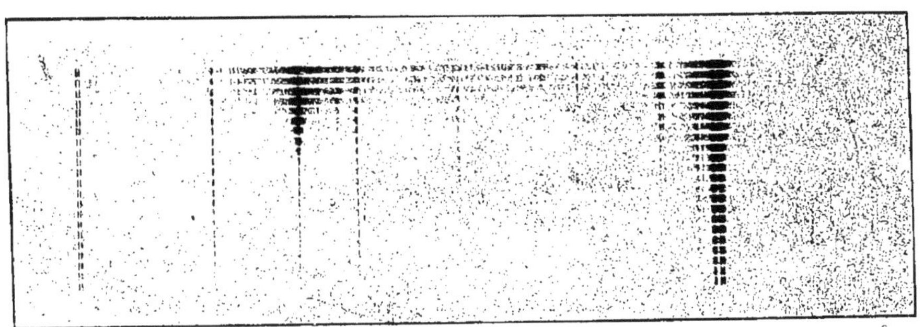

Jaune Fig. 29 Ultra-Violet

croyons-nous plus prudent de présenter cette observation sous toutes réserves. L'augmentation de la capacité accroît, naturellement, l'intensité du spectre.

En comparant les raies des ces séries de spectres avec les raies observées dans l'étincelle ordinaire et dans l'arc, on trouve que les raies qui disparaissent rapidement avec la self-induction sont les raies de l'air et les raies métalliques de *haute température* qui se manifestent comme des raies « courtes » dans l'étincelle ordinaire. Ces raies ne sont pas visibles dans l'arc. Les raies dont l'intensité diminue lentement et d'une manière continue sont longues et très brillantes dans l'étincelle ordinaire et également visibles dans l'arc.

Dans l'arc, ces raies sont en général diffuses et renversées ; dans l'étincelle oscillante elles sont plus ou moins « courtes ». Enfin les raies qui atteignent un maximum d'éclat avec l'augmentation de la self-induction sont moins brillantes dans l'étincelle ordinaire mais très vives et très nettes dans l'arc.

On voit donc qu'une telle série de spectres nous permet d'étudier facilement la « constitution » d'un spectre d'étincelle, et ce sont les résultats que nous avons obtenus en employant cette méthode qui nous amènent à classer les raies des spectres d'étincelle, au point de vue de l'action de la self-induction, de la manière suivante :

Première classe. — Cette classe comprend les raies qui diminuent rapidement d'intensité avec l'augmentation de la self-induction ; ce sont les raies de l'air et les raies métalliques de haute température, qu'on obtient seulement dans l'étincelle électrique comme raies « courtes ». Citons comme type de raies appartenant à cette classe : le doublet du zinc, le doublet du cadmium, la raie $\lambda = 4481,4$ A du magnésium, les raies $\lambda = 4244,9$ et $\lambda = 4386,6$ A du plomb.

Deuxième classe. — Cette classe comprend les raies qui s'affaiblissent lentement et d'une manière continue avec l'augmentation de la self-induction. Dans l'étincelle ordinaire ces raies sont très brillantes et elles sont également visibles dans l'arc où elles apparaissent en général renversées ou nébuleuses. Comme type de cette classe citons les deux triplets du magnésium :

	$\lambda = 5183,8$	$\lambda = 5172,9$	$\lambda = 5167,6$ A
et	$\lambda = 3838,4$	$\lambda = 3832,5$	$\lambda = 3829,5$ A

Troisième classe. — Cette classe comprend les raies qui commencent par diminuer d'intensité, atteignent un minimum puis augmentent considérablement en éclat, atteignent un maximum d'intensité pour diminuer de nouveau. Dans l'étincelle ordinaire, ces raies sont moins brillantes, mais dans l'arc elles sont très brillantes et en général très nettes. La plupart des raies du fer et du cobalt sont des exemples caractéristiques de cette classe.

Faisons, en outre, remarquer que les raies appartenant aux séries de MM. Kayser et Runge (excepté les raies du manganèse) appartiennent à la deuxième classe. Les raies du cuivre semblent aussi faire exception, mais nous ne donnons cette observation que sous réserve, à cause de l'irrégularité de production des étincelles entre les électrodes de cuivre. Toujours est-il qu'avec l'augmentation de la self-induction ces raies n'atteignent jamais l'intensité qu'elles possèdent dans l'étincelle ordinaire. Ces observations sont, en outre, très incomplètes parce qu'elles ne s'étendent pas dans l'ultraviolet et c'est surtout dans l'ultraviolet que se trouvent la plupart des raies appartenant aux séries de MM. Kayser et Runge.

TROISIÈME PARTIE

LES SPECTRES D'ÉTINCELLE DES 14 MÉTAUX SUIVANTS :

Fe, Mn, Ni, Co, Cd, Zn, Mg, Al, Sn, Pb, Sb, Bi, Cu, Ag

Après avoir décrit dans la deuxième partie de ce mémoire les caractères généraux des spectres d'étincelle, nous allons maintenant procéder à l'étude spéciale des spectres d'étincelle d'un certain nombre de métaux. Les spectres des étincelles ordinaires de ces métaux sont déjà connus et ont fait le sujet de beaucoup de recherches. Quant aux spectres des étincelles oscillantes, ils n'ont pas été connus jusqu'à présent et les résultats de leur étude sont donnés ici pour la première fois.

Nous avons, en outre, étudié en même temps les spectres des étincelles ordinaires afin de pouvoir les comparer d'une manière plus nette aux spectres des étincelles oscillantes, les deux genres de spectres étant étudiés avec les mêmes appareils. Dans les tableaux des longueurs d'onde, nous avons donné en même temps les intensités des ces raies dans l'arc, si elles y existent. La région spectrale examinée est comprise entre $\lambda = 5\,900$ et $\lambda = 3\,500$ A.

Appareils et méthodes employés. — Pour l'étude de ces spectres d'étincelle nous avons eu recours, comme toujours, à la photographie. Le spectrographe est celui que nous avons décrit dans la deuxième partie. Pour la région comprise entre $\lambda = 5\,900$ et $\lambda = 4\,300$ nous avons employé deux prismes de

Rutherford (construits par Steinheil) ; en ce qui concerne les plaques photographiques, nous avons utilisé des plaques isochromatiques de Edwards. Pour photographier la partie jaune du spectre sans voiler (par suite de l'excès de pose) la partie bleue, nous placions devant la fente un verre jaune et nous posions alors de 2 à 4 fois plus que pour le vert et le bleu. Mais ce temps de pose ne peut pas être déterminé d'une manière précise car il dépend beaucoup de la largeur de la fente, de la transparence des prismes et de la nature du spectre ; dans nos expériences il était compris entre 2 et 30 minutes.

Pour la région située entre $\lambda = 4\,300$ à $\lambda = 3\,500$ A, nous nous sommes servi d'un prisme de Rutherford et d'un prisme ordinaire en flint construit par Hilger, de Londres, parce que deux prismes de Rutherford absorbent trop de lumière dans cette région spectrale. Les plaques photographiques que nous avons employées pour cette région sont les plaques « Météor » ; le temps de pose variait de 1 à 10 minutes.

Mesure des longueurs d'onde. — Les longueurs d'onde des raies de ces spectres étant déjà connues pour la plupart, il ne s'agissait donc que des mesures suffisamment précises pour pouvoir identifier ces raies. A cet effet, on photographiait sur la même plaque, en même temps que le spectre à étudier, un spectre de comparaison dont on connaissait à l'avance les longueurs d'onde des raies. Comme spectre de comparaison nous avons eu recours exclusivement au spectre du fer. Les longueurs d'onde des raies de ce spectre sont en effet connues avec une grande précision, grâce aux recherches classiques de MM. Kayser et Runge et à l'aide du magnifique atlas photographique du spectre du fer de ces savants il est facile de reconnaître, même dans un spectre prismatique, les principales raies. Le dispositif que nous avons adopté pour photographier le spectre de comparaison en juxtaposition avec le spectre à examiner, était le suivant (*fig.* 30). L'image de l'étincelle éclatant entre les électrodes en fer (F) était projetée à l'aide d'une lentille E entre les deux électrodes D du métal à étudier. La longueur focale de la lentille E était de 10 centimètres et elle était placée exactement au milieu entre les deux étincelles; par conséquent : ED = EF = 20 centimètres. On projetait ensuite les images des deux étincelles F et D au moyen de la lentille de projection C sur la fente B du collimateur AB. Le réglage de ces étincelles était effectué d'après les indications données à la page 35, à savoir : on enlevait les deux lentilles et on plaçait l'étincelle D à une distance de 80 centimètres et l'étincelle F à une distance de 120 centimètres de la fente du collimateur, et toutes les deux suivant

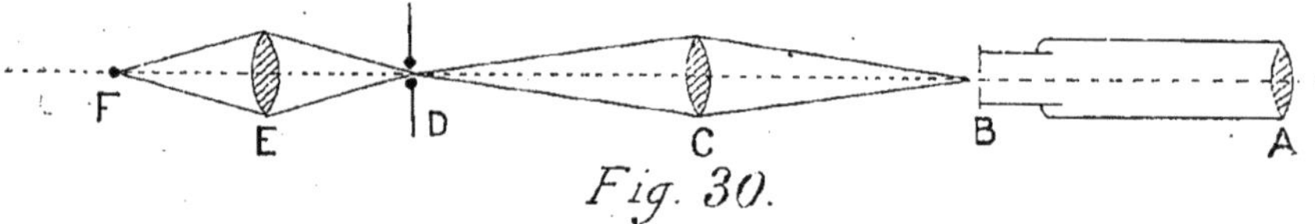

Fig. 30.

l'axe de ce dernier; on réglait ensuite les deux lentilles et on fixait leur position une fois pour toutes à l'aide de la paraffine fondue qu'on faisait couler autour des pieds supportant ces lentilles. Cette méthode est très commode et suffisamment précise pour les mesures ordinaires; on pourrait cependant lui faire quelques objections, comme l'ont du reste fait MM. Kayser et Runge (1). Mais, croyons-nous, si le réglage est rigoureusement effectué, l'erreur produite par la non-coïncidence des deux faisceaux est très petite. En comparant, en effet, les longueurs d'onde que nous avons obtenues par cette méthode aux mesures de MM. Kayser et Runge et M. Hasselberg, on trouve que la méthode est bien praticable pour le but que nous avons en vue (l'identification des raies). Voici maintenant comment nous avons procédé pour obtenir les spectro-

(1) Kayser et Runge. — *Ueber die Spectren der Elemente*, p. 11, Berlin (1888).

grammes que nous avons utilisés pour les mesures. Les deux étincelles étaient placées parallèlement à la fente. La longueur de l'étincelle qui éclatait entre le métal qu'on étudiait, était de 2 à 4 millimètres. A l'aide d'un des curseurs précédemment décrits, on pouvait masquer la moitié supérieure, ou inférieure de la fente de manière à pouvoir photographier successivement d'abord le spectre de l'une et ensuite de l'autre moitié de l'étincelle. On a ainsi pu photographier une moitié de l'étincelle sans self-induction et l'autre moitié avec self-induction, et en faisant les mesures on pouvait en même temps observer la transformation subie par une raie sous l'influence de la self-induction. Comme self-induction, on choisissait la valeur la plus efficace, préalablement trouvée par les méthodes indiquées dans la

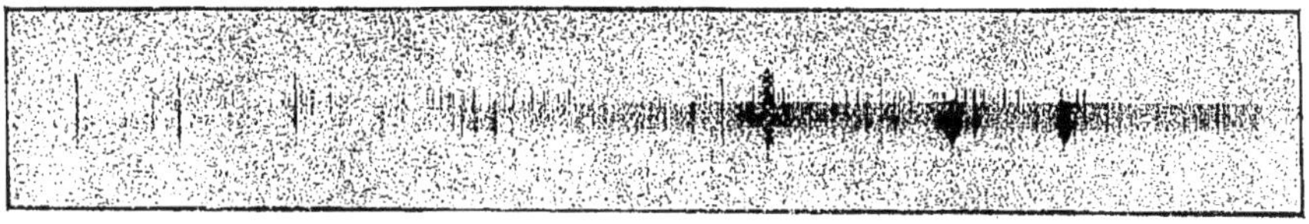

Fig. 31

deuxième partie (page 45 et s-qq). Après avoir ainsi photographié ces deux spectres, on faisait éclater l'étincelle entre les électrodes de fer ayant une distance explosive de 1 millimètre et on photographiait ensuite son spectre en juxtaposition avec les deux autres et suivant la ligne de séparation des deux premiers. Le spectre de comparaison étant beaucoup moins large que le spectre du métal à étudier, on pouvait facilement distinguer les raies du spectre qu'on étudiait (*fig.* 31).

Remarquons en outre que le spectre du fer était produit par l'étincelle oscillante, de manière qu'on n'avait que des raies dues au métal.

Les mesures des spectres furent effectuées à l'aide d'une machine à diviser construite par Perreaux. Les irrégularités de la vis micrométrique (qui étaient déterminées préalablement) n'introduisaient que des erreurs de quelques millièmes de millimètre; elles pouvaient, par conséquent, être négligées, vu le but de nos mesures qui n'exigeaient une précision que de 1/50 à 1/100 de millimètre. Les plaques étaient montées sur le chariot, le microscope restant fixe. On mesurait chaque plaque deux fois de suite en notant les intensités relatives et autres particularités de chaque raie.

Les longueurs d'onde furent déterminées à l'aide d'une grande courbe fondée sur les longueurs d'onde des raies du fer et de quelques raies d'autres métaux que nous avons choisies parmi les déterminations de précision bien connues de M. Hasselberg et MM. Kayser et Runge. Pour les raies du fer, nous avons adopté les longueurs d'onde contenues dans le mémoire classique de MM. Kayser et Runge (1). Ajoutons que M. Kayser (2) a tout récemment publié une nouvelle liste des raies du fer; mais comme la petite différence entre ces deux listes n'entrait pas dans nos mesures, nous n'avons pas fait usage de cette dernière.

Dans notre courbe, deux millimètres de l'ordonnée correspondaient à une unité d'Angstrom, et on pouvait facilement estimer le dixième de millimètre. Cette courbe nous a servi pour toutes les plaques, lorsque nous avions photographié le spectre du fer en juxtaposition avec chaque spectre, nous pouvions facilement adopter les mesures d'un spectre quelconque pour cette même courbe en faisant la petite correction donnée par la différence des lectures micrométriques des raies du spectre de comparaison, et de celui qui avait servi pour la construction de la courbe. Pour faciliter ce procédé, nous avons choisi un point de repère (une raie du fer) qui était le même pour toutes les plaques et pour lequel la valeur de la

(1) Kayser et Runge. — *Ueber die Spectren der Elemente*, Berlin (1888).
(2) Kayser. — *Handbuch der Spectroscopie*, 1, p. 726.

lecture micrométrique était la même pour chaque plaque. Les petites différences des lectures micrométriques pouvaient être dues à des différences de température et surtout à des dérangements de l'appareil photographique qui, comme nous l'avons déjà dit, n'est pas d'une construction entièrement métallique. Mais ces différences étaient en général très petites, elles n'ont jamais dépassé quelques centièmes de millimètre. L'erreur maximum de nos mesures n'a presque jamais dépassé ± 0,3 A. Nous aurions probablement pu obtenir plus de précision en *calculant* la longueur d'onde, mais vu le grand nombre de raies (environ 5 000) à déterminer nous avons estimé préférable, et en même temps suffisamment précis, de faire ces déterminations graphiquement.

Intensités relatives des raies. — Les nombres qui estiment l'intensité des raies et qui figurent dans les tableaux numériques que nous donnons pour chaque métal en particulier, n'ont évidemment aucune prétention d'être absolus. Voici ce système de notation ; une raie faible, mais encore bien visible, est marquée 1 ; une raie très forte est marquée 10 ; les chiffres intermédiaires marquent des *différences* d'intensité suivant les cas qui se présentent. Si, par exemple, nous avons, *dans un cas*, attribué à une raie l'intensité 6, et dans un autre cas nous avons attribué à une raie du même éclat, l'intensité 5 ou 7, cela dépend surtout des différences d'intensité des raies qui se trouvent dans le voisinage de la raie en question. De plus, si nous avons aperçu une raie plus faible qu'une autre que nous venions de marquer 1, nous avons marqué cette raie par 0 et même par 00 quand elle était excessivement faible. De même, pour indiquer des petites différences d'intensité entre deux raies fortes, nous avons marqué l'une 10 et la plus forte 12, 15 et même 20 et 50 quand il y avait une grande différence d'intensité.

Ainsi l'intensité relative d'une raie dans ces tableaux, est l'intensité de cette raie par rapport aux intensités des autres raies qui se trouvent dans son voisinage.

Il nous reste encore à donner quelques éclaircissements sur les signes que nous avons employés pour caractériser une raie, et qui accompagnent les valeurs des intensités.

c	veut	dire	continue	(raie longue)
d	»	»	discontinue	(raie courte)
dd	»	»	»	(raie très courte)
s	»	»	net	(raie nette)
ss	»	»	très net	(raie très nette)
n	»	»	nébuleux	(raie nébuleuse)
nn	»	»	très diffuse	(raie très diffuse)
r	»	»	renversé	(raie renversée)
b^r	»	»	bande vers le rouge	
b^v	»	»	bande vers le violet	

I, II, III sont les intensités relatives dans l'étincelle ordinaire, oscillante, et dans l'arc.

Si les nombres qui expriment l'intensité ne sont affectés d'aucune notation, ils correspondent à des lignes nettes et continues. Le signe » indique l'absence complète de lignes, n sans chiffre correspondant à l'intensité indique que le fond est nébuleux et qu'aucune raie ne peut être distinguée.

K et R	veut	dire	Kayser et Runge
E et H	»	»	Exner et Haschek
E et V	»	»	Eder et Valenta
H et A	»	»	Hartley et Adeney.
H	»	»	longueur d'onde obtenue à l'aide de la courbe.

Les raies marquées d'un astérisque * ont été choisies pour la construction de la courbe. Les raies marquées + appartiennent aux séries de MM. Kayser et Runge.

FER

Le spectre du fer a été l'objet de beaucoup de recherches. Parmi les travaux les plus importants publiés récemment sur ce spectre, nous citerons :

1. *Le spectre de l'arc par MM. Kayser et Runge* (1) entre λ = 6750,36 et λ = 2230,01. Ce célèbre mémoire est accompagné d'un magnifique atlas photographique du spectre normal du fer. Pour la pratique de la spectroscopie cet atlas a une valeur inestimable ; comme nous avons déjà eu l'occasion de le dire, à l'aide de cet atlas on peut facilement reconnaître, même dans un spectre prismatique, les principales raies du fer.

2. *Le spectre de l'arc du fer électrolytique, par Sir Norman Lockyer* (2). — MM. Kayser et Runge s'étaient servi du fer ordinaire qui contient beaucoup d'impuretés ; leur tableau des raies du fer contient, par conséquent, un grand nombre de raies dues aux impuretés. Mais MM. Kayser et Runge n'ont pas cherché à éliminer ces impuretés, leur but principal étant de donner seulement des longueurs d'onde exactes. M. Lockyer ayant eu à sa disposition quelques échantillons de fer électrolytique très pur, a essayé d'éliminer autant que possible les raies étrangères au spectre du fer. Les précieux résultats de ses recherches sont contenus dans le mémoire que nous venons de citer. La région étudiée par M. Lockyer est comprise entre λ = 3900 et λ = 6500.

3. *Le spectre d'étincelle, par MM. Exner et Haschek* (3). — MM. Exner et Haschek ont mesuré 2270 raies entre λ = 2068,25 et λ = 4736,96. L'étincelle était produite par la

(1) Kayser et Runge. — *Ueber die Spectren der Elemente*, Berlin 1888.

(2) J. N. Lockyer. — *Philos. Trans.* (1894) A p. 983, 1021.

(3) Exner et Haschek. — *Ber Akad. Wiss. Wien.*, t. CVI, p. 499 (1897).

décharge d'un condensateur très puissant chargé à l'aide d'un transformateur (courant alternatif). Leur mémoire est accompagné de planches, mais qui sont loin de valoir l'atlas de MM. Kayser et Runge.

4. La liste nouvelle des raies du fer, par M. Kayser (1). — Je dois encore mentionner ici les contributions à l'étude du spectre du fer par M. Hasselberg(2) qui a pu éliminer beaucoup de raies dues aux impuretés. L'influence de la self-induction sur le spectre d'étincelle du fer est très remarquable. Avec peu de self-induction toutes les raies diminuent d'intensité; faisant croître ensuite la self-induction, l'intensité du spectre devient considérable. Cependant la transformation produite par la self-induction n'est pas la même pour toutes les raies. Il y a des raies qui sont beaucoup renforcées, d'autres qui ne le sont que très peu, d'autres encore, d'ailleurs peu nombreuses, qui ne subissent pas d'influence. La modification commune pour toutes ces raies est qu'elles deviennent plus nettes. Toutes les raies que nous avons observées dans l'étincelle oscillante, ont aussi été observées dans l'arc. Mais il y a des différences entre ces deux spectres : il y a des raies qui sont très vives dans l'étincelle oscillante mais faibles dans l'arc et réciproquement il y a des raies très vives dans l'arc mais faibles dans l'étincelle oscillante. Aussi que nous l'avons déjà fait remarquer plus haut, presque toutes les raies du fer appartiennent à la troisième classe. Nous croyons que le spectre d'étincelle oscillante du fer pourrait rendre de grands services comme spectre de comparaison en remplacement du spectre de l'arc. L'absence *complète* des raies de l'air facilitera beaucoup l'orientation. Le spectre *prismatique* du fer est reproduit par les *fig.* 32 et 33. Le spectre supérieur est celui de l'étincelle ordinaire obtenue avec deux plaques de notre con-

(1) *Drudes Ann.*, t. III, p. 195 (1900).
(2) *Hasselberg die Spectra der Métalle*, Stockholm, 1894-1899.

densateur ; le spectre inférieur est celui de l'étincelle oscillante obtenue avec deux plaques de notre condensateur et la self-induction B 12. La *fig.* 32 comprend la région située entre $\lambda = 5\,900$ et $\lambda = 4\,300$; la *fig.* 33 la région entre $\lambda = 4\,350$ et $\lambda = 3\,500$.

La liste des raies comprend toutes les raies que nous avons

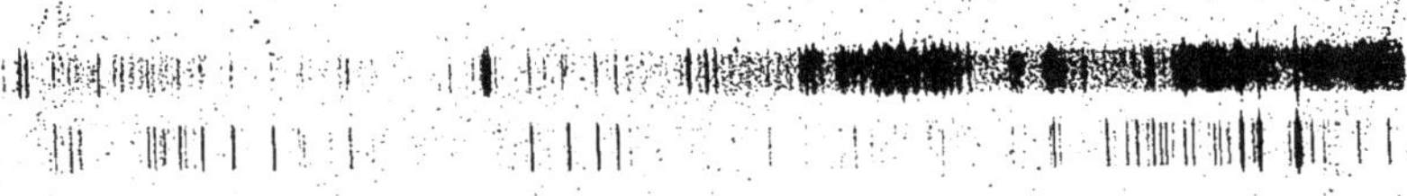

Fig. 32

observées dans ce spectre. Les longueurs d'onde sont celles de MM. Kayser et Runge.

Les raies pourvues d'un astérisque sont celles que nous avons utilisées pour la construction de la courbe ; les longueurs d'onde des autres raies du fer que nous donnons dans le tableau ci-joint, ont été déterminées à l'aide de cette courbe. Les intensités relatives sont réparties en trois colonnes : la

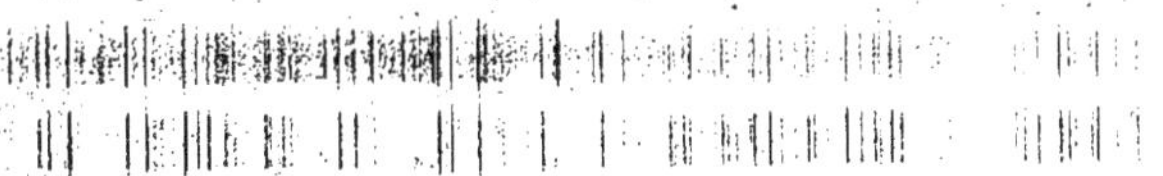

Fig. 33

colonne n° 1 comprend les intensités des raies dans l'étincelle ordinaire ; le n° 2 dans l'étincelle oscillante (self-induction B_{12}) et le n° 3, dans l'arc. Les intensités dans l'arc ont été empruntées aux tableaux de MM. Kayser et Runge d'après les réductions de M. Watts.

Dans cette liste se trouvent quelques-unes des raies dues aux impuretés que j'ai marquées d'après les recherches de MM. Hasselberg et Lockyer.

FER

λ K et R	λ H	INTENSITÉS RELATIVES I	II	III	λ K et R	λ H	INTENSITÉS RELATIVES I	II	III
56 58,93	*	1	2s	10	52 69,65	69,8	4	10	10n
24,70	*	2	2s	8	66,72	*	1	5	10 Co?
15,81	*	5	6s	10	33,05	*	2	5s	10
03,14	*	1	2s	8 Ca?	27,33 }	27,4	2	6	{ 10
55	98,65	1	0	3 **Rowl.**	27,00 }				{ 10
86,92	*	5	6s	10	16,37	16,4	»	0	6
76.22	76,3	0	1s	8	15.28	*	»	0	4
73 05	*	3	4s	10	51 95,03	*	n	0	8
69,77	*	2	3s	10	92,47	92,55	0n	1s	10
06,92	07,0	?	2s	8	91,56	*	0n	1s	10
01,61	*	»	1s	8	71,71	*	0n	2s	8
54 97,52	*	»	2s	6	69,09	69,2	5s	1s	6 Ni?
76.82	76,9	1n	1s	8	67,50	*	3n	5s	10
63,41	*	?	2s	8n	65,52	65,35	»	1n	4n
55,80	*	2s	8s	10	39,58 }	*	1	2s	{ 10
47 05	*	2s	8s	10	39,34 }	*			{ 10
45.21	45,0	1	2n	8n	50 49,94	*	0	1s	8
34.66	34,8	1s	4s	8	18,53	enh.	6s	1d	4
29,74	*	2s	6s	10	15.09	15.2	»	0	6
24.20	24,1	2s	3s	10n	12,15	12,3	0n	0s	6
15,43	15,25	2	2	10n	06,24 }	06,2	»	3	{ 8
05 91	*	2	5s	10	05,84 }				{ 6
04,35	04,15	2	3n	8n	02,02	*	»	1s	8
00,60	00,45	2	3n	6n Cr?	49 85.68	*	1n	0	4
53 97,27	*	2	5s	10	83,97	83,95	0n	0n	4
93,30	93,15	0	1s	8	82,67	82,8	0n	0n	6
83,50	*	2	3s	10n	66,23	*	0	0	6
71,62	*	2	4s	10	57,80 }	57,8	10	12	{ 8
70,09	69,95	1	2n	8n	57,43 }				{ 6
67,60	67,5	1	1s	8n	38.93	*	0s	1s	6
65,62 }	*	1	1	{ 4	24,00	24,0 enh.	5s	1sd	1
65,02 }				{ 6n	20,63	20,65	4s	6s	10
41,15	*	n	1s	8 Mn.	19,11	*	3s	5s	8
40,10	40,1	n	1s	8	03,41	03,45	1s	2s	8
28,15	27,95	5	8s	10	48 91,62	*	5s	7s	10
24,31	*	2	4s	10	90,89	90,7	4s	6s	8
02,46	*	0	0s	10	78,33	*	1s	2s	6
52 83,75	*	1n	2s	10	72,25	72,15	1s	3s	8
81,91	82,1	1n	1s	8	71,43	71,3	3s	5s	8
70,43	69,8	4	10	10 Ca?	59,86	*	2s	3s	8

Fer (*suite*)

λ K et R	λ H	Intensités relatives I	II	III	λ K et R	λ H	Intensités relatives I	II	III
48 23,63	*	0	0	4 Mn.	45 95,48	95,55	»	0	4
47 89,74	*	0n	2s	6	92,75	*	0	3s	8
86,91	87,05	»	1s	4	83,93	84,1 enh.	6s	3sd	2
83,56	83,6	0n	1s	4 Mn.	81,66	*	0	0	4 Ca ?
68,46	*	»	0	2	56,22	*	5	5	8
62,48	62,5	0	0	1 Mn.	52,66	52,75	»	0	4 Ti?
54,16	54,2	0	0	4 Mn.	49,57	49,7 enh.	6	4d	4 Ti ?
45,92	*	0	0	2	47,95	48,05	1	3	8
41,65	41,7	0n	0	2	31,25	31,45	0	4s	8
36,91	36,95	2	6s	10	28,78	*	8	10s	10
35,91	35,9	2n	1n	4	45 26,66	26,55	?	0n	4
33,71	33,75	0n	1n	4	25,27	25,4	1	3s	6
28,67	*	n	0	4	»	22,8 enh.	3	1d	» Ti?
27,56	27,55	»	0	4 Mn.	»	20,6 enh.	2	0d	»
10,37	10,35	»	1	4	17,64	*	0	0	4
09,18	09,2	»	1	4	»	15,5 enh.	3n	0d	»
07,45	*	0	3s	8	14,29	14.3	»	0	2
46 91,52	*	1	2s	6	»	08,5 enh.	3	1d	»
90,26	90,2	0	0	2	44 04,67	*	5s	8s	8
78,97	78,95	2	4s	8	90,88	90,9	0	0	2
73.29	*	»	0	4	90,19	90,2	0	0	4 Mn?
69.30	69,35	»	0	4	89,84	89,9	0	1	4
68,23	68,3	0	2s	6	85,77	85,95	»	0	4
67,56	67,7	0	2s	6	84,36	84,45	1	2s	6
54,70	54,7	2	3s	10	82,35	82,45	2	5s	8
47,54	*	?	4s	8	80,26	80.3	»	0	2
43,58	43,6	»	0	4	79,73	79,8	»	0	2
38,13	38,15	0	1s	6	76,20	*	3	5	10
37,66	37,65	0	1s	6	69,53	*	2	3	8
33,02	*	»	1s	4	66,70	66.7	4	6	8
30,22	30,25	»	0s	4	64,88	64,8	»	0	4 Mn
29,44	29,4	»	1sd	1 Co?	61,75	61,65	1	5	6
25,19	25,25	0	1s	6	59,24	*	2	6	8
19,40	19,3	»	1s	6	54,50	*	0	2	6
13,35	*	?	0	4	51,71	51,75	1n	0	2 Mn ou Co
11,38	11,3	1	3s	8	47,85	47,95	?	5s	8
07,79	07,7	»	2	6	43 43,30	43.6	1	3	8
03,03	03,0	»	4s	8	42,46	42,55	2	4	8
02,11	02,15	»	1	4	35,27	*	»	0	4 Ca.
45 98,26	98,25	»	1	6	33,98	34,05	»	0	2

Fer (*suite*)

λ K et R	λ H	INTENSITÉS RELATIVES I	II	III	λ K et R	λ H	INTENSITÉS RELATIVES I	II	III
44 33,32	33,45	»	1	6	42 36.09	36,15	1	6	10
30,74	30,9	»	2s	8	33,76	*	?	6	10
27,44	27,6	1	4	8	27,60	27,5	2	5s	10
22,67	22,8	1	2	8	25,61	25,6	»	2	6
15,27	*	12	20	10	24.27	24,2	»	2	6
08.54	08,65	0	2	6	22,32	22,25	1	4s	8
07,80	07,95	0	2	6	20,44	*	»	0	4
04,88	04,9	12	20	10	19,47	19,45	3	4s	8
01,46	*	0	0	6	17,69	17,65	0	2s	6
43 91,09	91.05	0	1	6	16,28	16,3	0	2s	6
88,57	88,6	0	1	6	15,52	15,65	»	0	4 Sr?
88,01	88,05	0	1	4	13,75	13,75	0	1s	4
83,70	*	12	20	10	10,48	*	2	4s	8
76,04	76,2	1	5s	8	08,71	08,7	»	0	4
69,89	70,3	?	3	8	07,22	07,2	»	0	4
67 68	*	»	2	6	06,78	06,9	»	0	2
58,62	58,7	»	1	4	05,63	05,8	»	0	2
52,86	*	1	6s	8	04.07	04,05	0	3	6
51,7	51,7	6n	2nd	»	02.15	02.15	6	12	10
46,66	46,8	»	0	4	41 99,19	*	5	10	10
37,14	*	3	6s	10	98,42	98.3	4	10	10
25,92	25,9	7	20	10	96,31	96,3	»	1	6
15.21	*	2	7s	10	95,46	95,45	0	2	6
07,96	07,9	7	20	10	91,57	91,5	1	8s	10
42 99.42	*	4	6s	10	87,92	87,95	1	7s	10
94,26	94,3	4	6s	10	87,17	87,1	1	9	10
88,25	88,45	»	0	4	84,99	*	?	3s	8
85,57	85,8	0	1	6	81,85	81,8	2	9	8
82,58	*	3	5s	10	77,66	77,65	»	1s	6
71,93 }	71,9	7	20	{ 10	76,62	76,6	»	2s	6
71,30 }				{ 10	75,71	75,65	»	3s	8
60,64	*	7	15	10	74,98	*	»	2s	6
54.45	54,6	»	0	2 Cr	74,00	74,1	»	0	4
50,93	50 95	5	10	10	73,39	73,45	»	0	4
50,28	50.25	5	10	10	72,81	72,65	»	1	6
47,60	47.65	0	3s	8	72,20	72,2	»	1	8
45,39	*	»	2s	6	71,05	70,99	»	1	8
39.90	40,0	»	1s	6 Mn	58,89	*	0	1s	6
38,98	39,0	»	3s	8	57,91	57,8	0	2s	6
38,14	38,2	»	1s	4	56,88	56,7	3	6	8

Fer (*suite*)

λ K et R	λ H	INTENSITÉS RELATIVES I	II	III	λ K et R	λ H	INTENSITÉS RELATIVES I	II	III
41 54,95	54,8	3	6	6	40 67,04	67,1	n	1	6
54,57				6	66,66	66,75	n	1	4 Os ?
54,04	54,05	3n	6	6	63,63	*	10	15	10
52,25	52,2	»	1n	4	59,80	59,75	»	00	4
49,44	49,45	0	2	6	58,86	58,5	»	0	4
47,74	*	0	3	8	58,30	58,3	»	0	4
43,96	43,8	6	12	10	55,63	55,75	»	0	4 Mn.
43,50				10	45,90	*	10	15	10
37,06	37,2	0	1	8	41,44	41,5	»	0	4 Mn.
34,77	34,9	2	6	10	40,74	40,9	»	0n	4
32,96	33,15	0	1s	8	34,59	34,7	n	8s	6 Mn.
32,15	*	5	10	10	33,16	33,25	n	9s	6 Mn.
27,68	27,9	2	4	6	30,84	30,95	n	10s	6 Mn.
26,25	26,2	»	0	4	24,86	25,05	n	1s	4
21.88	*	»	1	6	21,96	22,2	6n	8s	6
20,28	20,3	»	0	6	17,23	17,45	1n	1s	4 Co?
18,62	18,7	5	7s	10	14,63	14,7	4	4s	6
14,33	14,7	»	0	6	13,91	14,1	0n	0n	4
09,88	10.0	0	1	8	09,80	09,8	3n	4s	6
07,58	*	1	3	8	07,36	07,35	0n	0	4 Co?
06,55	06.75	»	0n	4	05 33	*	10	15	8
04,70	04,7	»	0	1	01,77	01,7	0n	0	4
04,20	04,35	»	0	6	39 98,16	98,3	1	4	6
01,37	01,3	»	0	4	97.49	97,5	2	10	6
00,82	00,8	»	0	6	96,08	96,1		0	4
40 98,26	98,4	»	0	8	94,22	94,4		0n	4
96,06	96,1	»	0	8	90,48	90,65		0n	4 Co
85,38	85,3	n	1s	6	89,94	90,05		0n	2
85,07	*	n	1s	6	86,27	86,3	2n	1n	6
84,59	84,65	n	1s	8	85,46	85,5	1n	0n	4
80,30	80.0	»	0	4	84,08	84,0	2n	4	6
79,91	79,7	»	0	6	81,87	*	2	3	6
79,50	79,5	»	0	2 Mn.	77,83	77,7	4	7s	8
78,41	78,45	»	0	6 Ti ?	76,71	76,65	2n	2	2
76,72	76,7	?	5s	8	73,75	73,65	»	0	4
74,87	74,9	»	0	6	71,41	71,35	2	4s	6
73,84	73,8	»	0	4	70,51	70,25	1n	1n	4
71,79	71,7	8n	12	10	69,34	69,3	10	12	8
68,07	*	n	1	8	68,05	68,0	0	0	2
67,36	67,8?	n	1	6	67,51	*	1	1s	4

Fer (*suite*)

λ K et R	λ H	INTENSITÉS RELATIVES I	II	III	λ K et R	λ H	INTENSITÉS RELATIVES I	II	III
3966,70	66,7	1	2s	4	3906,58	06,55	3s	8s	6
66,16	66,1	1	2s	4	04,00	04,0	2	2s	6
64,61	64,55	»	0	2	03,06	03,0	8	12	8
63,24	63,2	0	1	4	00,64	00,7	n	0	2
61,63	61,6	»	0	2 Al	3899,80	99,8	7	12	6
61,24	61,2	»	0	1	98,05	98,1	5	8s	6
56,77	56,6	6	10s	6	97,54	97,7	0	0	2
55,50	55,5	»	0	2	95,75	*	6	12	6
53,25	53,2	1	1s	4	94,09	94,1	0	0	2 Co?
52.71	*	2	3s	6	93,47	93,5	3	3s	4
51,25	51,2	2	3s	6	92,02	92,05	1	1s	4
50,05	50,05	2	3s	6	90,94	91,0	0	0	4
48,87	48,8	2	3s	6	88,63	88,45	8	10	6
48,23	48,2	1	2s	4	87,17	87,05	7	9	6
47,64	47,55	0	1s	4	86,38	86,3	8	12	6
47,11	47,1	0	1s	2	84,46	84,45	1	1s	4
45,22	45,1	3n	1n	2	83,39	*	1	1s	4
45,00	44,95	3n	1n	2	78,82	78,7	10	12	8
42,54	42,5	1	2s	6	78.12	78,1	10	12	8
41,40	41,3	»	0	2	76,14	76,25	»	0	4
40,98	*	0	2s	6	73,88	73,8	2	3s	6
37,42	37,4	0	0	4	72,61	72,6	9	12	8
35,92	35,85	2n	3s	6	69 69	69,8	0	0	4
32,71	32,65	0	1s	2	67,33	*	3	3s	6
30,37	30,25	8	12	8	65.65	65,65	6	10	8
28,05	27,95	8	12	8	63,87	63,9	0	0	4
26,05	25,95	1	2s	4	61,46	61,5	0	0	4
25,74	*	1	2s	4	60,03	60,1	7	10	10
23,00	22,9	8	12	8	59,34	59,4	3	6	6
20,36	20,3	7	12	6	56,49	56,55	5	9	8
19,18	19,25	»	0	2	54,51	54,6	»	0	2
18,74	18,8	»	3s	4	52,71	*	2	3s	6
18,49	18,5	»	3s	4	50,96	50,95	2	4s	6
17,29	17,3	1	3s	6 Co?	50,11	50,1	6	9	8
16,82	16,9	2	2s	6	46,96	47,0	3	4ss	6
14,35	14,3	0	0	1	46,55	46,7	0	0	2
13,74	13,8	1n	1s	4	45,30	45,4	0	0s	4
10,95	11,0	0	0	2	43,40	43,5	3	3ss	6
09.95	*	1	1	4 Co?	41,19	41,2	7	8	8
08,02	08,15	1	1s	4	40,58	40,6	7	8	8

Fer (*suite*)

λ K et R	λ H	INTENSITÉS RELATIVES I	II	III	λ K et R	λ H	INTENSITÉS RELATIVES I	II	III
3839 38	39,5	2	2s	6	3747,09	47.1	00	0	4
36,48	*	1	1s	6	45,95	46,0	4	7	6
34,37	34,4	8	9	8	45.67	45,7	6	8	8
33,44	33,5	0	1	4	44.21	44.3	»	0n	2
27,96	28,05	9	10	8	43,45	43.6	6	8	6
26,04	26,1	9	10	8	42,77	42.8	»	0	2
24,58	24.6	8	9	8	38,44	*	1	1	6
21,98	21,9	0	0	2	37,27	37,3	6	8	8
21.32	*	3	3s	4	35,45	35,2	8n	10n	6
20,56	20.6	10	12	8	35,00				8
17.84	17,9	»	00	1	33.46	33,6	5	7s	4
15,97	16.0	10	12	8	32,54	32,7	2	3	6
14,66	14.7	»	0	4	30,53	30,7	0	0	4
13,12	13,2	5s	8s	8	27,78	27,9	5	7	6
08,86	08,9	0	0	4	24,51	24,65	0	1s	6
07,68	07,7	0	1s	4	22,69	22,75	4	6	6
06,84	06,8	2s	2ss	6	20,07	*	6	9	10
05,47	*	3s	3ss	6	16,59	16,5	0	1	6
01,81	01,8	00	00	4	09,37	09,4	4	6	6
3799,68	99,8	5s	7s	6	08.03	*	2	4	6
98,65	98,7	5s	7s	6	07,18	07,25	»	0	4
97,65	97,6	4s	4ss	6	05.70	05,7	3	6	4
95,13	95.15	7	9	8	04,59	04,65	00	0	6
90,22	90,2	1s	3ss	6	01,20	01,25	0	1	6
88,01	*	6s	8s	6	3695,18	95,2	00	00	4
86,81	86,9	00	0	4	94,13	*	0	1	6
86,30	86,3	00	00	4	89,58	89,6	0	1	4
86,07	86,1	0	0	4	87,77	87,65	4	7	6
76 58	76,7	00	00	4	87,58				6
74,95	75,1	00	00	4	86,10	86,1	00	0	6
67,31	*	8	10	8	84,24	84,25	0	0	4
65,66	65,65	7s	7s	8	83,18	83,1	»	1	1
63,90	64,0	8	10	8	82.35	82,4	0	0	6
60,66	60 7	00	0	4	80.03	*	2	5s	4
60,17	60,2	0	1s	4	77,76	77.8	1	1	4
58,36	58,4	9	12	8	69,65	69,8	00	00	6
57,06	57,2	0	0	2	51,61	*	1	1	6
53,74	*	0	1s	4	49,65	49,7	0	0	4
49,61	49,4	9	10	8	47,99	48.05	4	7s	8
48,39	48,4	6	8	6	40,53	40,7	0	0	6

Fer (*suite et fin*)

λ K et R	λ H	INTENSITÉS RELATIVES I	II	III	λ K et R	λ H	INTENSITÉS RELATIVES I	II	III
36 31,62	*	3	6	6n	35 84,78	85,05	»	1	6
21,61	21,7	00	00	6	81,32	81,4	1	4	10
18,92	19,05	3	6	8	70,23	*	1	3	10
08,99	*	2	4	8	65,50	65,5	»	1	10
06,83	06,8	00	0	6	58,62	*	»	0	8
35 87,10	*	»	1	8					

MANGANÈSE

Le spectre d'étincelle de ce métal a été mesuré (sans tenir compte des anciennes mesures de Huggins, Thalen, Angström, etc.) par MM. Exner et Haschek (1) entre $\lambda = 4630$ et $\lambda = 2200$. Mais c'est surtout grâce aux soigneuses recherches de M. Hasselberg (2) que nous possédons une connaissance profonde de ce spectre. C'est le spectre de l'arc qui a été étudié par M. Hasselberg, entre les limites $\lambda = 5865$ et $\lambda = 3460$. Les raies dues aux impuretés ont été soigneusement éliminées.

Avec ce métal comme électrodes, il est très difficile d'obtenir de bonnes étincelles disruptives. Le métal est très fragile et des particules métalliques sont arrachées en grand nombre, formant un nuage conducteur entre les deux électrodes, de sorte que la décharge du condensateur est prématurée, c'est-à-dire que le condensateur se décharge avant d'être complètement chargé par la bobine d'induction. L'aspect de l'étincelle (tant ordinaire qu'oscillante) est celui d'un courant continu de décharge. On peut empêcher cette décharge en mettant une coupure de quelques millimètres dans le circuit de décharge du condensateur ou une coupure plus longue (quelques centimètres) dans le circuit de décharge du secondaire de la bobine d'induction.

L'influence de la self-induction sur le spectre du manganèse n'est pas aussi marquée que dans le cas du fer. Un assez grand nombre de raies deviennent « courtes » dans l'étincelle oscillante et appartiennent à la deuxième classe. Les raies qui

(1) Exner und Haschek. — *Akad. Wiss. Wien.*, t. CIV, p. 921 (1895) et t. CV, p. 399 (1896).

(2) B. Hasselberg. — *Kongl. Svenska Vet. Akad. Handlingar*, t. XXX, nº 2 (1897).

sont fortes dans l'arc sont, en général, fortes aussi dans l'étincelle oscillante.

Le tableau suivant des raies contient, dans la première colonne, les longueurs d'onde que nous avons trouvées en nous servant de la courbe ; la deuxième colonne contient les longueurs d'onde empruntées au mémoire de M. Hasselberg. Nos nombres n'ont, naturellement, aucune prétention de précision : ils ne servent que pour l'identification des raies. Les trois colonnes des intensités correspondent : la colonne n° I à l'étincelle ordinaire, la colonne n° II à l'étincelle oscillante et la colonne n° III à l'arc (d'après M. Hasselberg). Nous croyons utile de faire remarquer ici que les nombres de M. Hasselberg sont basés sur un système particulier de désignation d'intensité, 1 désignant une raie faible et 5 une raie très forte.

Le tableau ci-joint est fondé sur l'analyse spectrographique d'une étincelle de 4 millimètres de longueur, obtenue en employant deux plaques de notre condensateur plan. Comme self-induction nous avons utilisé la bobine B_6.

MANGANÈSE

λ H	λ Hasselberg	Intensités relatives I	II	III	λ H	λ Hasselberg	Intensités relatives I	II	III
5552,8	52,75	»	00	1	4548,8	48,75	0	1s	2
38,15	38,07	»	1	3,4	44,75	44.61	0	0	1,2
17,2	17,05	0	2	3,4	42,8	42,62	1	1	2
06.55	06,15	»	0	2,3	04,15	04,03	0	1s	2
5482.1	81,67	»	1	3	02,45	02,38	5	10	3.4
71,25	70,86	0	2	3,4	4499,05	99,06	5	10	3.4
33,1	33,67	?	2	2	96,8	96,82	0	0	1,2
20,7	20,58	0	4s	4	91,8	91.86	0	1	2
14,3	13,94	»	0	2,3	90 2	90,28	3	7	3,4
07.7	07.63	»	1	3,4	79,65	79,59	1	3	2
5399,9	99 72	»	1	3	72,85	72.92	3	7	3
95,15	94,88	»	1	3	70,1	70,31	3	7	3
78,05	77,83	0	4	3	64,65	64.86	6	12	3,4
41,2	41 22	1	6	4,5	61,95	62.17	7	15	4
5256,0	55,51	»	0	2,3	61,1	61,25	4	10	3,4
5197,15	97,44	»	00	1	58,15	58,43	6	12	3,4
4966,2	66,02	»	0	2,3	57,45	57,71	5	10	3
4855,1	55,01	»	0	1		57,22			3
44,6	44,47	»	1	2	55,85	56,05	3	7	3
38,75	38,40	»	0	1		55,50			3
27.15	27,10	»	00	1	55,1	55,19	5	10	3
23,5	23,71	10	20	5	53,1	53 16	3	7	3
4783,55	83,60	8	15	5	51,7	51,75	8	12	3,4
66.65	66,58	8	15	3,4	47,4	47,32	»	1	1,2
65,85	66,02	7	12	3,4	36,65	36,52	6	12	3
62,6	62,54	8	15	4	20,05	19,96	1	3	2
61,55	61,68	7	12	3,4	15,25	15,06	15	15	3
54.1	54.23	8	15	5 +	12,2	12,06	1	3	2
39,3	39,27	2	5s	3.	4389,9	89.95	0	0	1,2
27,5	27,63	3	7	3,4	82,8	82,80	0	1	1,2
09,9	09,87	3	7	3,4	81,9	81,87	0	1	2
01.35	01,30	»	2s	2	75,2	75,10	0	1	2
4671,8	71,86	»	2s	2	44,2		n	2d	»
43.15	43,01	»	0	1	37,6	37,57	?	2d	1
26.65	26.74	2	6s	2	21,3	21,36	0	»	?
05 45	05,55	2	6s	2,3	12,55	12,70	3s	3s	2,3
4595,5	95,51	»	0	1,2	00,3	(00,35)	1d	»	(1,2)
86.4	86,30	»	0	1	4292,4		2d	»	»
79,9		»	0	»	84,2	84,22	3s	3s	2,3
75,7		»	00	»	81,3	81,27	6	6	3

Manganèse (*suite*)

λ H	λ Hasselberg	Intensités relatives I	II	III
42 66,15	66,08	6	6	3
61,5		1d	»	»
59,3		1d	»	»
57,8	57,80	5s	5s	3
53,1		2d	»	»
51,9		2d	»	»
39,85	39.88	5	5	3
35,15	35.45	10	10	3
	35,28			3
20,55	20,79	3	2d	2,3
11,8	11,90	4	2d	2
41 90,05	90,15	8	3d	2
76,6	76,73	6	4d	2,3
72,2		0	»	»
56,9	(57,21)	2n	1n	(1,2)
48,65	(48,94)	3	2d	(2,3)
47,5	47,65	2	2d	2
40,2	40,35	3	2d	1
35,1	35,13	5	4d	2,3
31,3	31,26	6	4d	2,3
28,3		3	»	»
23,8	23,68	1	0d	1,2
22,8	22,92	1	0d	1,2
14,8	14,53	4	1d	2
14,4	14,02	4	1d	1,2
13,55	13,39	3	1d	2
11,15	10,98	8	6d	3
07,3		1	1	»
05,5	05,51	2	2d	2,3
03,45	03,62	6n	2d	1,2
40 95,3	95,42	3	2d	2
92,45		2	1d	»
89,9	90,10	3	3d	2
83,1	83,75	15	20	4,5
	83,09			4,5
79,1	79,56	12	15	4,5
	79,35			4.5
70,15	70,41	9	10	3
68,0	68,13	2	3d	2
66,2	66,38	0	»	1,2

λ H	λ Hasselberg	Intensités relatives I	II	II
40 65,1	65,22	3	2d	2
63,6	63,38	10	12	3,4
61,7	61,88	4	5	3
59,45	59,53	9	10	3
55,5	55,68	10	12	4,5
52,55	52,62	3	2d	2
51,85	51,90	3	2d	2
48,8	48,88	10	12	4
45,15	45,26	5	5d	3
41,6	41.49	10	12	5
39,0	38,89	2	3	2
35,95	35,88	8	8	3
34,7	34,60	8	8	10
33,3	33,18	9	9	10
30,95	30,87	12	12	10
26,7	26,57	7	7	3
20,4	20,18	1	0	1,2
18,3	18,25	10	10	3,4
11,8	11,69	3	2d	1,2
08,1	08,19	1	0d	1,2
03,3	03,42	2	0	1
02,1	02,31	3	1d	1
	02,05			1
39 97.3	97,34	2	0	1
92,65	92,65	2	1	1,2
91,7		2	1	»
90,1	90,10	2	1	1
88,7		1	0	»
86,95	86,94	8	8	2
85,3	85,36	4	4	2
84.55	84,31	0	0	1
82,55	82,72	4	4d	2
80,15		0	»	»
77,05	77,24	3	1d	1,2
75,9	76,03	3	1d	1,2
68,45		1	0	»
64.6		2	0	»
52,85	53,00	4	3	2
51,95		1	0	»
42,8	43,01	1	1	1,2

Manganèse (*suite et fin*)

		Intensités relatives					Intensités relatives		
H	λ Hasselberg	I	II	III	H	λ Hasselberg	I	II	III
39 36,7	36,91	1	0d	1	38 34,0	33,96	7	7	3,4
33,65		2	1d	»	29,8	29,81	3	3	2,3
31,5		00	»	»	24,0	24,01	5	5	3,4
29,75	29,82	1	1	1	23.7	23,64	8	8	4
29,3	29,30	1	1	1,2	16,9	16,87	1	1d	2.3
26,45	26,61	5	4d	2,3	10,8	10,85	0	0	2
23,95	24,24	2	1d	2	09,65	09,70	6	6	3
23,3	23,45	1	0d	1,2	06,9	06,84	8	8	4,5
21,8	21,85	1	1	2	02,1	02,04	1	1	2
18,4	18,43	4	3d	2	00,65	00,68	1	1	2
11,55	11,57	1	0	1,2	37 99,3	99.38	0	0	2
11.3	11,27	1	0	1,2	90,4	90,36	3	3	3
05,65		4	2d	» Si?	78,55		0	»	»
05,05	05,12	0	00	1	32,2	32,05	1	0	2,3
04,5	04,47	0	00	1	19,15	19,04	1	0d	2 3
04,0		0	00	»	06,25	06,16	1	0d	2,3
03,55	03,68	00	000	1	36 96,7	96,69	0	0	2,3
38 99,55	99,46	1	0d	1,2	93,7	93,81	1	0d	2,3
98,5	98,50	1	0d	2	24,1	23,92	»	0	2,3
96,4	96,48	0	»	1,2	19,6	19,42	»	0	3
94,75	94,85	0	00	1,2	10,5	10,44	»	0	3
83,2		1	0	»	08,65	08,62	0	0	3
53,55	53,60	1	0	1,2	07,7	07,66	0	0	3
44,15	44,10	8	8	3,4	35 86,6	86,65	0	0	3
41,2	41,17	8	8	4	78,0	77,99	0	0	3,4
39,95	39,92	7	7	3,4	69,95	69,91	0	0	2,3
34,45	34,48	10	10	4,5					

NICKEL

Le spectre d'étincelle du nickel a été étudié par MM. Exner et Haschek (1) entre $\lambda = 4716$ et $\lambda = 2100$ A. Leur liste contient 971 raies et est accompagnée d'une planche. Des recherches beaucoup plus profondes sur le spectre de ce métal ont été faites, vers la même époque, par M. Hasselberg (2). M. Hasselberg a étudié le spectre d'arc de ce métal entre $\lambda = 5900$ et $\lambda = 3460$ A. Les raies des impuretés ont été toutes éliminées avec les soins si familiers à ce savant.

Pour obtenir une bonne étincelle (tant ordinaire qu'oscillante) entre les électrodes de nickel, il est préférable d'employer des électrodes d'un diamètre assez fort (3 à 6 millimètres) ; des tiges minces de un ou deux millimètres de diamètre ne donnent pas de résultats satisfaisants.

L'influence de la self-induction sur le spectre de ce métal est intéressante en ce qu'il y a des raies représentant les trois classes. Le spectre n'est pas riche en raies brillantes, mais toutes les raies sont très nettes et distribuées assez uniformément dans toute l'étendue du spectre. Aussi, croyons-nous que, pour de faibles dispersions, le spectre de l'étincelle oscillante du nickel pourrait servir comme spectre de comparaison.

Le tableau ci-joint est fondé sur des spectrogrammes obtenus avec une étincelle de 2 millimètres de longueur produite par deux plaques de notre condensateur et avec la bobine de self-induction B_{12}. Le temps de pose est compris entre 5 et 10 minutes. Nous avons également ajouté, dans ce tableau, les longueurs d'onde de M. Hasselberg ainsi que les intensités relatives des raies dans l'arc, contenues dans le mémoire de ce spectroscopiste.

(1) Exner et Haschek. — *Sitzungsber. Kais. Akad. Wiss. Wien.*, t. CV, p. 989 (1896).

(2) B. Hasselberg. — *Kongl. Svenska Vet. Akad. Handlingar*, t. XXVIII, n° 6 (1896).

NICKEL

λ H	λ Hasselberg	INTENSITÉS RELATIVES I	II	III	λ H	λ Hasselberg	INTENSITÉS RELATIVES I	II	III
58 *	93,13	0	0	2,3	4866,6	66,42	5	5s	3,4
5760,8		00	»	»	57,6	57,57	0	0	1,2
*	54,86	00	»	3	55,6	55,57	7	8s	3
47,5		0	»	»	52,8	52,70	»	0s	1,2
*	15,31	1	0	3	39,0	38,80	1	0	2
*	09,80	»	0	3,4	32,9	32,86	1	0	1,2
5695,2	95,22	0	»	3	31,5	31,30	4	7s	2,3
93,7		0	»	»	29,3	29,18	4	7s	3
*	82,44	»	0	3,4	21,2	21,29	0n	»	1
58,6		0	00	»	18,15	17,97	0n	»	1
50,1	49,90	0	00	2,3	15,0	14,77	00n	»	1
41,7	42,08	0	00	1,2	12,35	12,15	0	»	1
37,2	37,32	0	00	2	07,3	07,17	2	3s	2
24,7		0n	00	» Fe?	06,1		1	»	»
15,3	15,00	0	0	3	4786,8	86,66	8	9s	3
5592,4	92,44	1n	0	3,4	64.1	64,07	2	3s	2
5477,3	77,13	10	15	5	62,8	62,78	1	1s	1,2
5155,9	55,92	0	0	3,4	56.6	56,70	7	8s	3
46,6	46,64	1	1	4	52,5	52,58	2	2	2
42,85	42,96	1	1	3,4	32,65	32,66	1	1	2
37,35	37,23	1	1	4	31,9	32,00	2	2	2
29,7	29,52	0	00	3	15,9	15,93	5	7s	3
25,6	25,39	0	»	2,3	14,7	14,59	10	15s	4,5
16,0	(15,55)	2	1	(4)	04,05	03,96	2	3s	2,3
5081,3	81,30	6	6s	5	01,7	01,72	3	3s	2
80,8	80,70	6	6s	5	4686,3	86,39	5	6s	2,3
35,6	35,55	3	4s	5	68,0	67,96	2	2	2
17,7	17,75	2	3	3,4	67,15	67,16	2	2	1,2
12,6	12,62	0	00	2	55,9	55,85	n	0	1
4984,3	84,30	3	4	3,4	48,9	48,82	n	10s	3
80,5	80,36	3	4	3,4	06,4	06,37	n	2s	2,3
53,5	53,34	1	00	1,2	05,2	05,15	6	10s	4
37,3	37,31	0	1	2	00,6	00,51	n	6s	3
36,0	36,02	1	1	2	4596,1	96,11	n	0	2
18,7 {	18,86	1	1	{ 1	95,1	95,07	n	0	2
	18,53			2,3	92,7	92,69	5	8s	3,4
14,15	14,15	0	00	2	80,7	80,77	0n	0	1,2
12,3	12,22	0	00	1,2	60,2	60,10	0	00	2
04,7	04,56	3	5s	3,4	51,5	51,45	1	0	2
4873,7	73,60	3	3s	2	47,3	47,44	5	5	2,3

Nickel (*suite et fin*)

λ H	λ Hasselberg	INTENSITÉS RELATIVES I	II	III	λ H	λ Hasselberg	INTENSITÉS RELATIVES I	II	III
45 20,2	20.20	0	0	2,3	39 12,55	12,44	n	1	1,2
13.3	13,20	0	0	2	09,15	09,10		0	1,2
44 70,6	70,61	10	12s	4	38 89,8	89,80	7	5d	2,3
62,55	62,59	5	6s	4	81,9		1	2s	»
59.2	59,21	12	15s	4,5	58,55	58,40	10	15	4,5
37,8	37.75	n	0	2	49,65		6	0d	»
37,25	37.17	1	1s	2.3	38,4		1n	0	»
10,8	10,70	0	1	2,3	31,8	31,82	6s	7ss	3
01,7	01,70	12n	12	4,5	07,3	07,30	10	12	4
43 99,8	99,75	0	0	2	37 93,9	93,75	2	3	3
62.3		7	»	»	92,55	92,48	0	1	2,3
59,9	59;73	4	4	3	78,05	78,22	9	12	1,2
31.0	30.85	3	3s	2,3	75,9	75,71	9	12	4,5
42 96,15	96,06	3	2d	3	72,8	72,70	0	0	2,3
88,1	88.16	5	4d	3,4	69,7	69,58	10	1d	1
84,9	84.83	2	1d	2,3	49,2	49,15	1n	1	2
79,45		2	»	»	44,8	44,68	1	0d	2,3
31,15	31,23	1n	1d	2	39,45	39,36	1	3d	2,3
00,7	00,61	2n	2d	2	37,05	36,94	4s	5s	3,4
41 95.6	95.71	3n	2d	2,3	22,7	22,63	6	6	3
21,5	21,48	n	4	3	36 88,6	88,58	2	3	2,3
18,9		n	5	»	74,35	74,28	4	6	3,4
16,3	16,14	1n	00	2	70,7	70,57	1	3	2,3
40 67,0		10	0d	»	69,6	69,38	0	1	2
17,65	17,65	»	0	2	64,4	64,24	2	4	3
15,8		10	1d	»	25,0	24,87	0	1	3
39 95,5	95,45	?	8s	3,4	19,7	19,52	6	10	5
94,2	94,13	»	0	2	13,05	12,86	1	4	3,4
84,05	84,18	2	2	2	10.75	10,60	2	5	4
74,65	74,83	n	2	2	09,5	09,44	0	1	2,3
73,55	73 70	10n	10s	4	02,55	02,41	0	1	2,3
72,15	72,31	2	5s	2,3	35 98,05	97,84	2	5	3,4
70,5	70.65	n	2	2	70,2		0	2	»
44,1	44,25	3	4s	3,4	66,55	66,50	1	3	4,5
41,9		n	0d	»	48.4	48;34		00	2,3
13,1	13,12	1	1	2	24,5	24,65		0n	5

COBALT

Le dernier métal du groupe du fer que nous avons étudié est le cobalt ; il est, comme le fer, très riche en raies, aussi l'influence de la self-induction sur son spectre d'étincelle est très marquée. Son spectre a été étudié notamment par Messieurs Exner et Haschek (1) et par M. Hasselberg (2). MM. Exner et Haschek ont mesuré 1625 raies dans le spectre d'étincelle compris entre $\lambda = 4693$ et $\lambda = 2190$ A. Les recherches de M. Hasselberg, qui ont été exécutées avec le soin et la précision habituelle de ce savant, portent sur le spectre d'arc, entre $\lambda = 5531$ et $\lambda = 3471$ A.

Avec l'étincelle oscillante on obtient un très beau spectre, d'une grande intensité ; les raies sont en général très nettes. La transformation progressive, due à l'augmentation de la self-induction, est représentée par la *fig.* 27.

Les particularités de chaque raie sont contenues dans le tableau ci-joint. Pour faciliter la comparaison, nous avons ajouté les longueurs d'onde d'après M. Hasselberg. Parmi les raies moins réfrangibles, qui ne sont pas contenues dans la liste de M. Hasselberg, il est probable qu'il y en ait quelques-unes dues à des impuretés.

Les intensités dans l'arc sont également empruntées aux recherches de M. Hasselberg et la désignation des intensités est celle de son système de notation que nous avons exposé plus haut.

Les spectogrammes que nous avons utilisés pour dresser le tableau qui suit ont été obtenus avec une étincelle de 2 millimètres de longueur, deux plaques de notre condensateur et la bobine de self-induction B_4 ; le temps de pose variait de 2 à 10 minutes, suivant la région du spectre.

(1) Exner und Haschek. — *Sitzungsber. Akad. Wiss. Wien.*, t. CV, p. 999 (1896).

(2) B. Hasselberg. — *Kongl. Svenska Vet. Akad. Handlingar*, t. XXVIII, n° 6 (1896).

COBALT

λ H	λ Hasselberg	INTENSITÉS RELATIVES I	II	III
58 99,7		00	4	»
93,1		0	5	»
57 47,0		0	»	»
10,55		3	»	»
56 88,45		»	00	»
59,0		0	1	» Fe ?
47,5		0	5	»
37,6		1nn	1	»
36,15			2	»
06,95		0	0	»
02,7		0	0	»
55 98,9		0	0	»
94,8		0	0	»
91,0		1	3	»
88,9		0	1n	»
59,1		n	0	»
46,1		0	1n	»
30,8	31,06	1	4	3,4
25,0	25,27	0	1n	2,3
23,3	23.56	1	4	3
16,3	16,29	n	0n	1,2
06,9		0n	00	» Fe
54 96,15	95,94	»	1	2
90,1	89.90	0	2	3
88,5	88,38	0	1n	1,2
83,9	84,22	4	10	3
	83,57			4
77,4	77,37	2	6	2
70,9	70,73	n	1	2
69,7	69,55	nn	1	2
54,6	54,79	2	4	3,4
52,6	52,53	0	1	1,2
44,9	44,81	2	5	3,4
37,3	37,25	0	1	2
14,0		n	0	»
07,65	07,75	0	2n	2,3
02,1	02,24	0	1	2
53 90,7	90,71	»	1n	1,2
81,6	81,99	»	2n	2,3
	81,31			2

λ H	λ Hasselberg	INTENSITÉS RELATIVES I	II	III
53 69,8	69,79	2	5	3
62,95	62,97	2	4	3
59,4	59,41	2	3	2,3
53,7	53,69	2	4	3
52,1	52,22	3	6	2,3
49,55	49,29	n	1	2
47,65	47,68	n	1	2
43,1	43,58	4	10	3
	42,86			4
35,05	35.06	n	1	2
33,8	33,85	n	1	2
32,75	32,85	n	1	2
31,6	31,65	0n	2n	2,3
25,5	25,44	1n	3n	2,3
16,8	16,96	0	1	2,3
12,8	12,84	0	1	2,3
10,55	10,47	»	0	1,2
01,25	01,24	0	3	2,3
52 80,05	88,02	0	1	1,2
83,9	83,68	0	0	1,2 Fe?
80,95	80.85	1	3	3
76,5	76,38	0	1	2,3
68,65	68,72	0	1	2,3
66,6	66.71	2	5	3 Fe ?
58.05	57,81	0	1	2,3
54,95	54,83	0	1	2
50,35	50,21	0	1	2
48 15	48,12	0	2	2,3
35.3	35,37	0	2	2,3
30,45	30,38	0	2	2,3
12,8	12,87	1	3	2,3
51 76,4	76,27	1	1	2,3
56,35	56,53	0n	1n	2,3
54,2	54.26	0n	1n	2,3
46,9	46,96	1	2	3
33,65	33,65	0	1	3
26,55	26.37	0n	1n	2,3
23,4	23,01	0	1	2,3
09,5	09,08	0	0	2,3
50 95,5		00	»	»

Cobalt (*suite*)

λ H	λ Hasselberg	INTENSITÉS RELATIVES I	II	III	λ H	λ Hasselberg	INTENSITÉS RELATIVES I	II	III
5081,1		00	»	»	4749,8	49,89	7	12	4,5
4988,3	88,15	0	0	2,3	46,2	46,31	0	2	2
80,3	80,15	0	0	2,3	42,4	42,40	»	0n	1
72,3	72,16	0	0	2,3	37,95	37,95	0	3	2,3
68,0	68,09	00	00	1,2	35,05	35,04	1	3	2,3
60,3		0	0	»	33,65		»	0	»
28,5	28,48	0	2	3	32,3	32,25	»	0n	1,2
04,3	04,37	0	1	2,3	28,1	28,14	1	5	3
4899,7	99,72	1	2	3	26,9		0n	0n	»
97,45	97,36	»	0n	2	25,4	25,44	»	0	1
82,8	82,90	1	2	3	21,6	21,61	1	1n	1,2
68,05	68,05	10	12	5	18,6	18,67	4n	4	2,3
63,8	63,64	»	0	1.2	15.9		n	1	»
62,15	62,29	»	0	1,2	04,6	04,57	2	4	1,2
55.55	55,40	0	1n	1,2	09,2		»	0	»
43,7	43,61	1	3	2,3	04,2		»	4n	»
40,55	40,42	10	12	4,5	4698,5	98,60	n	6	3
31,35		3	0	»	93,3	93,37	6	8	3,4
29.3		n	0	»	88,5	88,68	»	1	1,2
18.05	18,13	0	0	1,2	85,95	86,05	»	1	1,2
16.15	16,11	0	1	2	82,6	82,53	8	12	4
13,8	13,67	10	12	4,5	76,85	76,91	»	0	1,2
4798,0	98,01	0	1	1,2	68.1	68,04	n	1	1,2
96,15	96.46	1	2	2	63.7	63,58	7	12	4
92,9	93,03	9	12	4	57,7	57,56	0	3	2,3
86,75		0	1	» Fe?	54,9	55,01	2n	2n	2
85,25	85,26	1	2	2,3	54,0	53,93	1	1	1,2
83,55		n	0	» Mn?	51,35	51,28	0	0	1,2
81,65	81,62	1	2	3	48,9		n	2s	»
80,25	80,14	8	10	4	44,5	44,48	n	4s	2,3
78,6	78,42	»	4	2.3	43,9	43,92	n	1	2
76,55	76,49	6	9	3,4	40,9	40,99	»	0	1,2
71,1	71,27	6	9	3,4	35,0		n	0	
68,2	68,26	4	7	3	29,5	29,47	10	12	4,5
67,2	67,33	2	4	2,3	25,9	25,88	2	5	3
65,8		n	0	»	23,05	23,15	2	5	2,3
64,0		0	0	»	21,0	20,96	n	0	1,2
62,45		0	0	»	19,4		n	00	»
56,8	56,93	2	4	2	18,4		n	00	»
54,5	54,59	2	5	3	16,4		3	»	»

Cobalt (*suite*)

λ H	λ Hasselberg	Intensités relatives I	II	III	λ H	λ Hasselberg	Intensités relatives I	II	III
4614,0	14,18	7 n	4 s	2	4531,35	31,14	10	20	5
13,3		n	0	»	28,25	28,12	1	2	2,3
12,55	12,57	n	0	1	27,05	26,94	1n	3n	1,2
09,05	09,08	n	0	1,2	19,5	19,42	0	1	2
07,55	07,46	n	0	2	17,35	17,28	1	8	3,4
05.1		n	1	»	16,8		3	n	»
01,3	01,31	n	1	2	14.4	14,33	0	2	2,3
00,55		n	0	»	00,8	00,71	2	0	1
4597,0	97,02	4	10	4	4494,85	94,92	1	5	2,3
96 2		3	»	»	92,4	92,23	n	0	1,2
94,8	94,75	4	10	4	90,3	90,46	n	0	1,2
92,7		n	1	» Fe?	89,05		n	0	»
89,55		n	0	»	87,0	86,89	0n	1	2
88,9	88,86	n	1	2	84,8	84,65	»	2n	2
87,15	87,08	n	0	1,2	84.2	84,07	2	6	2 3
86,2		n	0	»	82.95		0	»	»
81,7	81,76	10	20	5	78 55	78,45	1	6	3
77,6		n	00	»	71,65	71,70	3	10	3
75,1	75,12	n	00	1,2	69,7	69,72	4	12	4
74,4		3	»	»	66,95	67,04	4	12	3,4
73.5	73,75	»	00	1	59,05		»	1	» Fe?
70 05	70,18	1	5	3	58.6		0n	1n	»
69,5		5	1n	»	57,7		»	0	»
66.6	66,77	»	2	2,3	55,95		0	1	»
65,7	65,74	10	15	4,5	54,95		3	4	»
62,05	62,11	0	1	1,2	52,45		1n	»	»
61,3		»	0	»	45,95	45,88	1	3	2,3
59,35		2	0	»	45,3	45,21	n	2n	2
54,1		2	1	»	36,55	36,37	n	0	1,2
53,45	53,51	n	1	1,2	35,95		n	0	» Ca
52,7		1	2	»	35,2		2	2	»
49,9	49,80	8	12	4	31,85	31,78	2	2	2
47,1	47,06	n	0	1,2	25,8		2n	1	»
46,2	46,14	0	1	2,3	21,6	21,48	0	4	2,3
45,5	45,42	0	1	2	17,55	17,55	4n	4	3
44,15	43,99	6	10	3,4	16,7	16,63	»	1	1.2
41,05	40,96	n	1	1,2	02,9	02,85	0	3	2
38.2		2	»	»	01,7		0	3	»
34.25	34,18	4	8	4	4396,0	95,99	1	2	2
33,5		3	n	»	91,9	92,02	1	6	2,3

Cobalt (*suite*)

λ H	λ Hasselberg	INTENSITÉS RELATIVES I	II	III	
43 91,9	91,70	1	6	3	
88,05	88,02	0	1	2	
80.25	80,25	0	3	3	
79,45	79.37	0	1	1,2	
75,8	75,70	0	1	2	
75,15	75,09	0	2	2,3	
73,85	73,77	1	4	3	
71,35	71,27	1	4	3	
66,45	66,37	1	1	1,2	
61,05	61.20	0	1	1	
59,7	59 60	0	1	1.2	
57,1	57.33	0	2n	1	
54,05	53,96	0	0	1.2	
39,8	39,76	1	8	3	
31,4	31.38	2	3	2,3	
20,5	20,53	»	1	1,2	
18,8		1n	1	4r (1)	Ca
09,55	09,54	1n	1	2	
03,4	03,36	n	1	2,3	
02,65		3	3	»	
01,3		»	1n	»	
42 92,4	92.41	2	3	2	
90,5		»	0	»	
89,5		1	1	»	
87,6		1	2	»	
86,05	85,93	1	4	2,3	
83,2		»	1	»	
76,4	76.25	»	2	2	
68,7	68,59	1n	2n	2	
64,0	63,92	n	1	1,2	
52,4	52,47	1	6s	3	
48,35	48,37	»	1	1,2	
45,65	45,76	»	1	1,2	
41,95	42,06	4nn {	2	2	
41,65	41,69		2	2	
38,6	38,63	n	0n	1,2	
37.4	37,54	n	0n	1,2	
34,1	34,18	n	1	2,3	

(1) D'après Rowland.

λ H	λ Hasselberg	INTENSITÉS RELATIVES I	II	III	
42 20,4		0	1	»	Fe?
15.05	15,03	»	0	1	
08,6		n	0	»	
07,65	07,77	n	0	1,2	
41 90,7	90,87	n	10	3	
87,35	87,44	n	5	2	
79,2		n	3s	»	
77,7		n	0	»	
71,05	71 02	»	3	2	
62,33	62,1	3n	$6b^r$	2,3	
58.4	58,58	3	$5b^r$	2,3	
50.55	50,59	1	$2b^r$	2	
40,65		»	1n	»	
39,8	39,58	»	$2b^r$	2	
32,2		»	3	»	Fe?
21.6	21,47	12	20	4.5	
19.05	18,92	12	20	4,5	
10,75	10,69	10	15	4	
05,0	04,89	2	7	2	
40 97,4	97,37	n	3	2	
96.1	96,08	n	3	2	
92.55	92.55	10	15	4	
88,3		n	1	»	
86,3	86,47	9	12	3,4	
84.3	84,28	n	0	1,2	Mn } ?
83,9		n	0	»	Fe }
82,65	82,76	1	3	2,3	
81.45	81,63	n	1	1,2	
77,55	77,55	0	3	2,3	
76,2	76,28	n	3	2,3	
69,65	69,70	n	0	1,2	
68,5	68,72	5	10	3	
66.45	66,52	7	12	3	
61,75		n	0	»	
58.5	58,75	5	10	2,3	
57,3	57,36	2	5	2	
54,2	54,08	n	0	2	
53,2	53,08	3	6	2	
49,35	49,43	n	0	1,2	
45,9	45,53	»	10	4	

Cobalt (*suite*)

λ H	λ Hasselberg	Intensités relatives I	II	III	
4041,7		»	0	»	
40,9	40,96 / 40,76	n	3	2 / 1,2	
39,1		n	0	»	
37,4		n	00	»	
35,75	35,73	4	8	3,4	
34,65		2	3	»	
33.3		3	6	»	
30,95		4	7	»	
27,2	27,21	4	7	3	
23,6	23,54	3	6	1.2	
	21,05	8	10	3,4	
19,5	19,47	2	4	2	
17,1		3n	3	»	
15,5		0	0	»	
14,1	14,12	5	8	2	
12,45		n	1	»	
11,2	11,08	2	3	1	
08.1		0	1	»	
07,45		1	2	»	
03.7		1	2	»	
3998,1	98,04	10	15	4	
95,45	95,45	15	20	4,5	
91,8	91,82	5	8	2	
90,55	90,45	4	7	2	
89,1		»	0	»	
87.2	87,26	3	7	2	
85,6		n	1	»	
85,15		n	1	»	
83.05		6	»	»	
79,45	79,65	5	9	3	
78,65	78,80	6	10	3	
77,7		1	1	»	Fe
77,25	77,36	2	4	1,2	
75,35	75,48	1	2	1,2	
74,7	74,87	4	8	3	
73,2	73,29	4	8	2,3	
72,5	72,66	4	8	2	
69,2	69,25	4	8	2,3	
66,5		n	1	»	

λ H	λ Hasselberg	Intensités relatives I	II	II	
3966,05		n	1	»	
65,2		n	2	»	
61,6		4	7	»	Al
61,05	61,14	4	7	2	
57,9	58,06	6	10	3	
56,65		»	2n	»	Fe
56,45		»	2	»	
55.05		»	0	»	
52.95	53.05	6	10	3.4	
52,45	52,47	3	8	2	
47,05	47 28	2	4s	1,2	
46,55		2	4s	»	
45,3	45,47	6	8s	3	
44,0		5	5s	»	Al
42,7		2	3	»	
41,7	41.87	6	8	3	
40,9	41 01	5	7	2,3	
38,95		2	3	»	
35,95	36,12	7	10	4	
29,35	29,42	3	5	2	
25,1	25,32	3	4s	1,2	
22,85	22,88	7	8s	2,3	
21.1	21.24	n	0	1,2	
20.7	20,89	3	4	2	
20,2	20,28	7	8s	2	Fe?
19,7	19,79	n	3	1,2	
17,2	17,26	7	9	2,3	
15,6	15,66	1n	1	1	
10,05	10,08	6	10	3,4	
08,6		1n	3n	»	
06,5	06,42	6	10	3	
04,95		0	1	»	
04,3	04,20	3	4	2	
3898,6	98,64	3	4	2	
95,05	95,12	8	8	3,4	
94,1	94,21	15	15	5	
92,2	92,26	2	3	1,2	
91,8	91,83	1	2	1,2	
90,9		n	0	»	
90,05		0n	1	»	

Cobalt (*suite*)

λ H	λ Hasselberg	INTENSITÉS RELATIVES I	II	III
3885,3	85,40	2	4s	2
84,55	84,76	4	6s	2,3
81,85	82,04	10	12	3,4
78,75		2	4	» Fe?
76,9	76,99	7	9	3
74,0	74,10	10	10	3,4
73,2	73,25	10	10	4,5
72,55		8	8	» Fe
70,65	70,65	3	4s	2
63,65	63,72	2	3ss	1,2
61,3	61,29	8	10	3
58,55		5	8s	»
57,0	56,93	1n	3	2
52,05	51,97	3	4s	2
51,1	51,09	4	5s	2,3
45,65	45,59	15	15	4,5
43,9	43,90	2	3s	2
42,3	42,20	9	10	3,4
41,6	41,60	0	3s	2
36,0	36,04	0n	1	1,2
35,85	35,82	0n	1	1,2
33,15	33,02	0	1	1,2
31,9		0	1	»
20,1	20,02	0	1	2
18,05	18,08	1	2	1,2
17,0	17,02	1	3s	2
16,6	16,58	7	8	2,3
14,6	14,58	2	3s	2
14,1		00	0	»
12,6	12,57	1	2	1,2
11,25	11,16	1	3s	1,2
08,25	08,24	2	5s	2
07,3		2	5s	»
05,85	05,90	0	0	1,2
01,3		0	0	»
3783,8		1	4	» Ni
77,7	77,65	1	3	2
75,8		1	3	»
74,8	74,72	1	3	2
69,6		0	»	»

λ H	λ Hasselberg	INTENSITÉS RELATIVES I	II	III
3760,65	60,52	0	1	1,2
59,9	59,83	0	1	1,2
55,6	55,59	3	5s	2,3
54,85		5	»	»
54,45	54,50	0	1	1,2
52,9	52,95	0	0	1
51,8	51,75	2	4	2
50,15	50,06	3	6	2,3
45,7	45,61	7	8	3,4
40,35	40,31	0	1	2
37,25		6nn	0	»
37,0		n	0	»
36,2	36,05	4	6	2,3
34,4	34,30	2	3	2,3
33,55	33,62	5	6	2,3
32,5	32,52	7	8	3
30,8	30,61	7	8	2,3
29,1		0	0	»
26,9	26,80	00	1	1,2
12,4	12,31	0	1	2
11,9	11,80	»	00	1,2
09,0	08,96	5	6	2,3
07,65	07,61	2	3	2
04,25	04,17	7	8	3
02,45	02,40	7	7	2,3
3693,55	93,65	3	4	2,3
93,2	93,27	3	4	2,3
90,8	90,87	1	2	2
84,65	84,62	1	2	2,3
83,15	43,18	6	7	3,4
76,75	76,69	6	6	3
62,45	62,33	4	5	?
57,2	57,12	00	1	2
54,7	54,59	00	1	2
52,7	52,68	3	5	2,3
49,6	49,47	1	2	3
47,95	47,82	0	1	2,3
47,4	47,25	00	0	2
45,55	45,60	00	0	1,2
43,5	43,34	2	3	2,3

Cobalt (*suite et fin*)

λ H	λ Hasselberg	INTENSITÉS RELATIVES I	II	III	λ H	λ Hasselberg	INTENSITÉS RELATIVES I	II	III
3642,15	41,95	1	2	2,3	3587,4	87,30	7	7	5
39,75	39,63	2	3	2,3	85,35	85,28	1	2	3,4
37,0	36,89	0	0	2	75,6	75,48	2	2	3,4
35,0	34,86	1	1	2,3	75,15	75,06	2	2	3
33,05	33,00	1	1	2,3	69,55	69,48	4	4	5
31,6	31,55	4	5	3	66,45		»	0	»
27,95	37,96	4	5	3,4	65,05	65,08	0	1	3
25,2	25,13	»	0	2,3	61,1		0n	»	»
21,45		6n	»	» air ?	61,05	61,01	»	0	3
11,95	11,89	1	1	2,3	50,85	50,72	»	00	3
10,7		»	0	»	33,4	33,49	»	00	3,4
05,6	05,50	1	3	3	31,4		0n	»	»
02,4		2	3	»	23,2		0n	»	»
3595,15	95,00	2	3	3,4					

CADMIUM

Parmi les recherches récentes concernant le spectre du cadmium, citons le spectre d'arc, par MM. Kayser et Runge (1), le spectre d'étincelle, par MM. Eder et Valenta (2) et les mesures des longueurs d'onde du spectre d'étincelle, par MM. Exner et Haschek (3).

Il existe une grande différence entre le spectre d'arc et le spectre d'étincelle de ce métal. Dans l'étincelle ordinaire il y a un grand nombre de raies de haute température qui sont presque toutes plus ou moins nébuleuses et « courtes ». En employant la self-induction, presque toutes les raies disparaissent et celles qui restent sont beaucoup affaiblies ; il est à remarquer que les raies qui restent visibles avec la self-induction sont également visibles dans l'arc. Toutes les raies du cadmium comprises dans la région spectrale que nous avons examinée, appartiennent soit à la première, soit à la deuxième classe. Celles de la deuxième classe font partie des séries de triplets de MM. Kayser et Runge. Nous n'avons remarqué aucune raie de la troisième classe.

Les photographies qui nous ont servi pour les mesures ont été obtenues avec une étincelle de 2 millimètres de longueur, produite par la décharge de deux plaques de notre condensateur et avec un temps de pose de 1 à 5 minutes, suivant la région spectrale. L'étincelle oscillante était produite par la bobine de self-induction B_{12}.

(1) Kayser et Runge. — *Die Spcktren der Elemente*, IV, p. 34, Berlin (1891).

(2) Eder et Valenta. — *Denkschr. Akad. Wiss. Wien.*, t. LXI, p. 347 (1894).

(3) Exner et Haschek. — *Sitzungsber Akad. Wiss. Wien.*, t. CVI, p. 61 (1897).

CADMIUM

λ H	λ E et V	Intensités relatives I	II	III
54 91,8		0d	»	»
76,6		00d	»	»
71,15		1d	»	»
53 79,05	79,3	20n	»	»
38,05	38,6	12n	»	»
50 *	86,06 K et R	15n	10	10r +
48 00,15	00,09 »	20n	12	10r +
46 93,8	93,7	1n	»	»
78,45	78,37 K et R	15n	10	10r +
62,95	62,7	1n	00	»
44 16,05	15,9	15	1d	»
13,35	13,23 K et R	1	»	6
42 93,8	93,9	1nn	»	»
45,55	45,8	1nd	»	»
41,65		1nd	»	»
36,95		0nd	»	»
16,65	17,1	2nd	»	»
41 63,8	63,9	1nd	»	»
58,1	58,1	3nd	»	»
45,85		1nd	»	»
27,2	27,1	1nd	»	»
19,8		1nd	»	»
17,4		1nd	»	»
14,9	14,7	3n	»	»
40 97,4		1nd	»	»
94,95	95,0	3nd	»	»
92,15	92,5	0nd	»	»
72,4	72,1	1nd	»	»
49,65	49,1	0nd	»	»
44,9	44,7	0nd	»	»
35,15	35,1	1nd	»	»
34,65		0nd	»	»
18,5	18,5	0nd	»	»
09,45	09,2	0nnd	»	»
39 91,95	92,0	0nd	»	»
88,15	88,4	1nd	»	»
84,7	84,7	0nd	»	»
82,6		0nd	»	»
77,3	77,8	4nd	»	»
58,9	58,9	5nd	»	»

Cadmium (*suite et fin*)

λ H	λ E et V	INTENSITÉS RELATIVES I	II	III
3950,7	51,0	1nd	»	»
40,5	40,4	4nnd	»	»
3852,4	52,3	0nd	»	»
38,0	37,9	1nnd	»	»
3614,7	14,58 K et R	1	0d	4
13,15	13,04 »	10n	8	8r +
10,7	10,66 »	15r	12	10r

ZINC

Les remarques que nous avons faites, au sujet du cadmium, s'appliquent également au zinc.

Bibliographie récente : Spectre d'arc, par **MM. Kayser** et Runge (1) et le spectre d'étincelle, par MM. Exner et Haschek (1).

Les raies des triplets qui entrent dans les séries de Messieurs Kayser et Runge, appartiennent à la deuxième classes ; les autres raies appartiennent à la première classe. Comme pour le cadmium, nous n'avons trouvé aucune raie appartenant à la troisième classe. Le temps de pose pour les spectrogrammes, était de 1 à 10 minutes ; l'étincelle avait 2 millimètres de longueur et elle était produite par deux plaques de notre condensateur. La self-induction était produite par B_4.

(1) Kayser et Runge. — *Spectra der Elemente*, IV, p. 21 (1891).

(2) Exner et Haschek. — *Sitzungsber, K.-Akad. Wiss., Wien.* t. CVI, p. 3 (1897).

ZINC

H	λ Thalén	INTENSITÉS RELATIVES I	II	III	
58 97,5	94,6	0	»	»	
55 78.95	78,6	0nd	»	»	
63,9	64,2	1nd	»	»	Sb?
49 70,8	72,0	00nd	»	»	
25,15	24,8	20	dd	»	
12,7	12,2	15	dd	»	
48 10,9	10,71 K et R	20n	10	10r	+
47 22,45	22 26 »	20	15	10r	+
46 80,35	80,38 »	15	10	10r	+
44 32,9		1nnd	»	»	
01,55		0nnd	»	»	
43 31,65		1nnd	»	»	
42 28,0		8nnd	»	»	
22,5		3nnd	»	»	

MAGNÉSIUM

Le spectre du magnésium a été souvent l'objet de profondes recherches ; parmi les principales publications récentes, citons : le spectre d'arc, par MM. Kayser et Runge (1) et le spectre d'étincelle, par MM. Exner et Haschek (2).

Dans l'étincelle ordinaire, toutes les raies sont plus ou moins larges et nébuleuses. Avec l'augmentation de la self-induction, toutes les raies s'affaiblissent. Notons surtout la raie $\lambda = 4481,4$ A qui est très large et forte dans l'étincelle ordinaire et qui s'affaiblit très rapidement avec l'augmentation de la self-induction et devient très « courte » ; ses dernières traces restent visibles comme des « points » lumineux aux extrémités des électrodes. Cette raie appartient à la première classe. Parmi les autres raies que nous avons observées se trouvent quelques-uns des triplets des séries de MM. Kayser et Runge ; ces triplets appartiennent à la deuxième classe.

La *fig*. 29 représente les transformations progressives de ce spectre par suite de l'accroissement de la self-induction.

Les mesures ont été effectuées sur des spectrogrammes obtenus avec une étincelle de 2 millimètres de longueur produite par 2 plaques de notre condensateur. La self-induction utilisée était celle de la Bobine B_4. Le temps de pose variait de 1 à 5 minutes.

(1) Kayser et Runge. — *Die Spectren der Elemente*, IV, p. 6, Berlin (1891).

(2) Exner et Haschek. — *Sitzungsber. K.-Akad. Wiss. Wien.*, t. CVI, p. 66 (1897).

MAGNESIUM

H	λ	INTENSITÉS RELATIVES I	II	III
5711,6	11,56 K et R	3n	00	2
55 *	28,75 »	15n	10	6
5183,9	83,84 »	20n	15	10r +
72,9	72,87 »	15n	12	10r +
67.55	67,55 »	12n	10	8r +
4703,4	03,33 »	20nn	10nn	8n
4584,1	84,0 E et H	1n	»	»
71,2	71,33 K et R	3s	2s	4
4481,4	81,3 E et H	100nn	10nndd	»
4352,3	52,18 K et R	5nn	4nn	8n
4167,6	67,81 »	4nn	3nn	1n
3944,5	44,3 E et H	3s	1s	» Al?
3895,8	95,8 »	10nn	8s	»
93,5	93,2 »	1nn	1	»
92,0	92,0 »	6nn	3n	»
90,35		4nn	1n	»
83,3	83,3 E et H	2	1	»
71,5		0d	»	»
60,05		0d	»	»
54,35	54,5 E et H	3nn	2n	»
49,35	49,6 »	4nn	2n	»
38,45	38,44 K et R	100r	50nn	10r +
32,4	32,46 »	50r	20nn	10r +
29,35	29,51 »	50nn	20nn	10r +

ALUMINIUM

Spectres de lignes. — Son spectre d'arc a été étudié particulièrement par MM. Kayser et Runge (1) et le spectre d'étincelle par MM. Exner et Haschek (2).

Dans l'étincelle ordinaire, ces raies sont toutes nébuleuses, et avec l'augmentation de la self-induction elles disparaissent plus ou moins rapidement. La plupart d'entre elles appartiennent à la première classe. Le couple $\left\{ \begin{matrix} 3961,68 \\ 3944,16 \end{matrix} \right.$ appartient à la deuxième classe et entre dans les séries de MM. Kayser et Runge. Les intensités correspondant aux raies de l'étincelle oscillante, contenues dans le tableau ci-contre, sont trop fortes et elles ne sont pas directement comparables aux intensités de l'étincelle ordinaire. Le temps de pose pour le spectre de l'étincelle oscillante a été, pour des raisons particulières, quatre fois plus long que pour le spectre de l'étincelle ordinaire. L'étincelle était produite par la décharge de deux plaques de notre condensateur et avait une longueur de 2 millimètres. La self-induction était fournie par la bobine B_4.

Spectre de bandes. — Le spectre de bandes, dont l'origine ne cesse d'être discutée, apparaît surtout dans l'arc. Dans l'étincelle ordinaire les bandes sont cachées par les raies de l'air et en augmentant la self-induction, ces dernières disparaissent et les bandes sont bien visibles. Nous n'avons pas transcrit ces bandes dans nos mesures contenues dans le tableau ci-joint.

(1) Kayser et Runge. — *Spectren der Elemente*, IV, p. 9, Berlin (1892).
(2) Exner et Haschek. — *Sitzungsber, K.-Akad. Wiss. Wien.*, t. CVI, p. 63 (1897).
(3) Hemsalech. — *Annalen der Physik*, t. II, p. 331 (1900).
G. Berndt, *ibid.* t. IV, p. 788 (1901).

ALUMINIUM

H	λ		I	II	III
			INTENSITÉS RELATIVES		
5722,45	23,6	Thalén	5n	»	»
5696,0	96,6	»	10n	»	»
5452,8			0n	»	»
4723,55			1n	»	»
4663,5	63,5	E et H	20n	10dd	»
11,55			10n	»	»
4529,95	30,4	Thalén	100n	5dd	»
20,95			20n	3d	»
4478,95	79,4	Thalén	20nn	»	» Sn } ?
4206.6			3nd	»	» Cu } ?
4199,15			1nd	»	»
95,8	95,8	E et H	1nd	»	»
3995.3			?	2nd	»
61,6	61.68	K et R	15n	20n	10r +
44,1	44,16	»	15n	20n	10r +
00,8			7	?	»
3713,95	13,8	E et H	3nn	»	»
02,9	02,7	»	2nn	»	»
3612,9	12,68	»	5n	»	»
02,3	01,95	»	6n	»	»
3587,1	87,02		10nn	»	»

ETAIN

Spectre de lignes. — Publications récentes : Le spectre d'arc, par MM. Kayser et Runge (1), et le spectre d'étincelle, par MM. Exner et Haschek (2). Les raies de l'étain sont presque toutes de haute température; elles n'apparaissent dans l'étincelle ordinaire que comme des raies « courtes ». Avec la self-induction il n'y a que quelques raies qui subsistent : ce sont des raies de la troisième classe.

Voici les temps de pose des spectrogrammes qui nous ont servi de base dans nos mesures et dans l'évaluation des intensités contenues dans le tableau ci-dessous : pour l'étincelle oscillante entre = 5 800,8 et = 4474,9, vingt minutes avec deux plaques condensatrices; entre = 4 430,3 et = 3 599,05 dix minutes avec quatre plaques condensatrices. Pour l'étincelle ordinaire (avec 2 plaques condensatrices) le temps de pose était de 5 minutes dans les deux régions. La longueur de l'étincelle était de 2 millimètres.

Spectre de bandes. — La self-induction fait apparaître un beau spectre de bandes dans le bleu et le violet. La dispersion de notre appareil n'a pas été suffisante pour pouvoir mesurer toutes les raies de ces bandes; aussi nous ne donnons pas les longueurs d'onde s'y référant.

(1) Kayser et Runge. — *Die Spectren der Elemente*, VII, p. 6, Berlin (1893).

(2) Exner et Haschek. — *Ber. K.-Akad. Wiss. Wien.*, t. CVI, p. 59 (1897).

ÉTAIN

λ		Intensités relatives I	II	III
H				
5800,8	99,0 Thalén	12n	»	»
5631,9	31,91 K et R	2	12	8
5589,3	89,7 Thalén	20n	»	»
63,0	63,7 »	30n	»	»
5480,8		0d	»	»
77,0		0d	»	»
62,2		0nd	»	»
53,55		0nd	»	»
5369,8	69,6 Thalén	3nd	»	»
49,0	48,5 »	4nd	»	»
33,3	33,1 »	10nn	»	»
5291,5	90,6 » ?	1nd	»	»
24,85	25,2 »	5nd	»	»
18,4		»	0	» Cu
5192,5		1n	»	»
00,8	01,4 Thalén	7nd	»	»
5025,7	21,9 »	3nd	»	»
4934,55		1nn	»	»
24,2	24,0 Thalén	6nd	»	»
4858,2	59,1 » ?	6nd	»	»
4722,8		»	3	Zn ?
15,6		0n	»	»
4670,55		2nn	»	»
18,1	18,3 E et H	3n	»	»
4585,85	85,8 »	20nd	»	»
24,9	24,92 K et R	10	20	8
11,55		00	5s	» ?
4474,9		0n	»	»
4330,3	30,3 E et H	5nd	»	»
4290,5		2nd	»	»
75,6		1nn	»	»
15,55	15,9 H et A	10nd	»	»
06,6		2nn	»	» Al } Cu } ?
4102,0	01,7 E et H	n	4	»
4020,4		3nd	»	»
4014,1		1n	»	»
3962,85	62,9 E et H	10nnd	»	»
07,95	07,43 »	10nd	»	»
02,45		1d	»	»

Étain (*suite et fin*)

H	λ		INTENSITÉS RELATIVES I	II	III
3898,15	97,9	E et H	2d	»	»
94,9			0	»	»
61 3	61,1	E et H	10nd	»	»
45,8			»	1s	» N ?
01,1	01,16	K et R	10	20	6r +
3785,85			1nd	»	»
84,0	83,8	E et H	3nd	»	»
79,7	79,6	»	1nd	»	»
64,7	64,7	»	2nd	»	»
46,65			3nd	»	»
45 8	46,0	E et H	5nd	»	»
40,1			»	1s	» N ?
35,2	35,0	E et H	3nd	»	»
30,2	30,0	»	3nd	»	»
08,2	08,3	»	5nd	»	»
3655,95	55,88	K et R	0	5	4
3599,05	99,0	E et H	2nd	»	»

PLOMB

Le spectre d'arc a été étudié par MM. Kayser et Runge (1) et le spectre d'étincelle par MM. Exner et Haschek (2).

Le spectre d'étincelle diffère énormément du spectre d'arc. La plupart des raies appartiennent à la première classe, quelques-unes à la troisième et un certain nombre à la deuxième classe. Ces dernières entrent, pour la plupart, dans la série de raies pour lesquelles MM. Kayser et Runge ont trouvé des relations harmoniques.

Les spectrogrammes utilisés pour dresser le tableau ci-joint ont été obtenus avec une étincelle de 2 à 3 millimètres de longueur, le condensateur étant constitué de deux plaques. Le temps de pose pour la région comprise entre $\lambda = 5\,608$ et $\lambda = 4\,386$ était de 90 secondes pour l'étincelle ordinaire et de 10 minutes pour l'étincelle oscillante. Pour la région comprise entre $\lambda = 4\,337$ et $\lambda = 3\,573$ le temps de pose était de 20 minutes pour chaque spectre.

(1) Kayser et Runge. — *Die Spectren der Elemente*, VII, p. 6, Berlin (1893).

(2) Exner et Haschek. — *Ber. K.-Akad. Wiss. Wien.*, t. CVI, p. 54 (1897).

PLOMB

H	λ		INTENSITÉS RELATIVES I	II	III	
56 08,6	08,2	Thalén	20	4d	»	
55 45,1	47,2	»	5nn	»	»	
53 72,5	73,6	»	6nn	»	»	
52 01,9	01,65	K et R	00	0	4b[v]	
50 43,8	45,9	Thalén	3nn	»	»	
05,8	05,62	K et R	3	3s	6b[v]	
48 02,8	03,1	Thalén	2nn	»	»	
47 98,5	97,6	»	2n	»	»	
60,65	61,1	»	7nd	»	»	
45 72,3	72,0	E et H	1nd	»	»	
43 86,6	87,0	»	100n	2d	»	
42 72,6			10nd	»	»	Bi
44,9	45,2	E et H	100n	2d	»	
41 89,7			3nd	»	»	
85,35			2nd	»	»	
81,8	81,5	H et A	4nd	»	»	
67,95	68,21	K et R	8	5	4r	+
51,7			0n	»	»	Bi ?
33,35			2nd	»	»	Sb ?
20,15			1nd	»	»	
40 62,1	62,30	K et R	10	10	4r	
58,05	57,97	»	50n	50n	10r	
49,8			2nd	»	»	
32,2			0nd	»	»	
19,8	19,77	K et R	12	10s	4r	+
04,45	04,4	E et H	2nd	»	»	
39 62,6	62,5	E et H	2nd	»	»	
52,0	52,1	»	6nd	»	»	
09,9	09,8	»	0n	»	»	
38 54,1	54,05	»	10nd	»	»	
42,3	42,0	»	3nd	»	»	
33,1	33,0	»	4nd	»	»	
37 86,4	86,37	»	2nn	»	»	
40,15	40,10	K et R	15n	10s	8r	+
36 83,65	83,60	»	15n	12	10r	
71,8	71,65	»	6	3	4r	+
39,9	39,71	»	12n	10	10r	
35 73,0	72,88	»	2	1	8r	+

BISMUTH

Publications récentes sur le spectre du bismuth : le spectre d'arc, par MM. Kayser et Runge (1) et le spectre d'étincelle, par MM. Exner et Haschek (2).

Dans l'étincelle ordinaire nous avons remarqué environ 50 raies qui sont presque toutes très nébuleuses ; quelques-unes d'entre elles sont « courtes ». Avec l'introduction de la self-induction presque toutes les raies disparaissent ; celles qui résistent appartiennent à la deuxième classe et parmi ces raies se trouvent celles pour lesquelles MM. Kayser et Runge ont trouvé des relations particulières.

Les mesures des longueurs d'onde et les estimations des intensités relatives ont été faites sur des spectrogrammes obtenus avec des étincelles d'environ 2 millimètres de longueur, produites par la décharge de 2 plaques de notre condensateur. La self-induction était fournie par la bobine B_{12}. Comme temps de pose, pour l'étincelle ordinaire nous avons eu deux minutes pour le bleu et cinq minutes pour le jaune et le vert ; pour l'étincelle oscillante, pour la région comprise entre $\lambda = 5719$ et $\lambda = 4259$ on avait 10 minutes de pose ; pour la région comprise entre $\lambda = 4259$ et $\lambda = 3596$ on avait 20 minutes pour chaque spectre.

(1) Kayser et Runge, *Spectrem der Elemente*, VII, p. 11, Berlin (1893).

(2) Exner et Haschek, *Ber. K. Akad. Wiss. Wien.*, t. CVI, p. 345 (1897).

BISMUTH

H	λ		INTENSITÉS RELATIVES I	II	III
5719,5	17,6	Thalén	10	»	»
5655,4	56,1	»	2nn	»	»
5574,6			2n	3	»
5450,9	51,0	Thalén	1nd	»	»
5397,6	97,7	»	0nd	»	»
5270,6	71,1	»	10n	»	»
5209,1	09,2	»	20	»	»
02,1	02,2	»	1n	»	»
5144,55	44,5	»	10	»	»
24,8	24,5	»	4	»	»
5091,1	90,9	»	0nn	»	»
79,8	78,4	»	4nd	»	»
4993,55	93,9	»	3n	»	»
4797,8	97,7	»	10nd	»	»
50,7			10nnd	»	»
33,8	33,91	K et R	»	0	4 b[v]
30,05	31,0	Thalén	5nn	»	»
22,5	22,72	K et R	20	50	10r
4561,3	61,40	E et H	20nd	»	»
4492,8	93,16 } 92,79 }	K et R	0	0	2 + 2
77,35	77,1	E et H	2nn	»	»
4391,5	91,5	»	2n	»	»
40,85	40,9	»	10nn	»	»
28,5	28,1	Thalén	10nd	»	»
10,8			1nd	»	»
08,5	08,70 / 08,34	K et R / »	3	2	4 } 4 } +
01,9	02,3	E et H	20n	»	»
4272,6	72,8	»	5n	»	»
59,45	59,9	»	50n	»	»
33,7			3nn	»	»
04,6	05,0	E et H	2nn	»	»
4192,6	92,3	»	1nn	»	»
56,1			2nd	»	»
51,9			1n	»	Pb ?
21,8	22,01 / 21,69	K et R / »	15	10	6 / 6 +
4079,3	79,38	E et H	15	»	»
57,9			5	5	» Pb

Bismuth (*suite et fin*)

λ		INTENSITÉS RELATIVES		
H		I	II	III
40 48,6		0n	»	»
39 32,3		00n	»	»
38 88,1	88,3 E et H	0n	»	1 / 1 +
64,35	64,3 »	15n	»	»
48,3	49,1 H et A	6nd	»	»
47,2		3n	»	»
16,5	16,3 E et H	4nn	»	»
11,45	11,45 »	2n	»	»
37 93,3	93,0 »	20nn	»	»
56,65	56,8 »	3nn	»	»
09,15	09,0 »	0nnd	»	»
36 95,7	95,61 »	15nnd	»	»
14,15	13,9 E et H	2nnd	»	»
35 96,45	96,36 »	2n	0	4r +

ANTIMOINE

Le spectre d'arc a été étudié notamment par MM. Kayser et Runge (1) et le spectre d'étincelle par MM. Exner et Haschek (2). Comme dans le cas du bismuth les raies du spectre de l'étincelle ordinaire sont très nébuleuses, et la plupart d'entre elles disparaissent avec l'introduction de la self-induction.

Le métal qui nous a servi comme électrodes était très impur, et dans son spectre on trouve des raies de Zn, Pb, etc. Les raies du zinc sont particulièrement marquées.

Le temps de pose a été pour la région comprise entre $\lambda = 5782$ et $\lambda = 4352$, de 2 minutes pour l'étincelle ordinaire et de 10 minutes pour l'étincelle oscillante. Pour la partie comprise entre $\lambda = 4352$ et $\lambda = 3638$ le temps de pose était de 20 minutes pour chaque spectre.

L'étincelle avait 2 millimètres de longueur et était produite par la décharge de deux plaques du condensateur.

La self-induction utilisée était celle de la bobine B_{10}.

(1) KAYSER et RUNGE. — *Spectren der Elemente*, VII, p. 9, Berlin (1893).

(1) EXNER et HASCHEK. — *Ber. K.-Akad. Wiss. Wien.*, t. CVI, p. 346 (1897).

ANTIMOINE

H	λ		INTENSITÉS RELATIVES I	II	III	
57 82,5			»	1	»	
56 39,45	39,1	Thalén	3n	»	»	
55 67,8			5n	»	»	
54 64,2	64,5	Thalén	1n	»	»	Zn?
53 80,6	80,2	»	0n	»	»	
52 18,5			»	4s	»	
51 53,55			»	1s	»	
06,1			»	5s		Pb?
49 48,55	49,7	Thalén	0nd	»	»	
48 77,3	78,6	»	2nd	»	»	
33,3	36,1	»	1nd	»	»	
10,9			7	7	»	Zn
47 85,1	87,1	Thalén	1nn	»	»	
58,05	58	Huggins	2nd	»	»	
35,6	35,5	Thalén	2nd	»	»	
22,35			7	7	»	Zn
11,6	12,0	Thalén	3nd	»	»	
6 93,0	93,2	E et H	10n	»	»	
80,35			3	3s	»	Zn
79,15			0n	»	»	
46 51,5			»	3s	»	?
22,95	23,5	E et H	0nd	»	»	
00,1	99,6	»	1nd	»	»	
45 91,95	91,9	»	8nd	»	»	
07,0	06,8	»	1n	»	»	
44 57,9	57,8	»	0nd	»	»	
33,45	33,0	E et H	0nd	»	»	
25,8	25,5	»	1nd	»	»	
12,05	11,7	»	0nd	»	»	
43 78,1	78,0	»	1nd	»	»	
52,45	52,4	»	10n	»	»	
31,35			0n	»	»	
14,4	15,0	E et H	5nd	»	»	
42 75,3			2	0	»	
65,15	65,0	H et A	5nd	»	»	
59,85	59,5	E et H	0nd	»	»	Bi?
53,9			0nd	»	»	
23,45			2n	»	»	
19,1	19,2	E et H	4n	»	»	
06,4			1n	»	»	

Antimoine (*suite et fin*)

H	λ		INTENSITÉS RELATIVES I	II	III	
41 95,1	95,3	E et H	4n	»	»	
52,0			2n	»	»	Bi ?
43,8			1n	»	»	
40,7	40,7	E et H	2n	»	»	
33,7	34,0	»	6n	»	»	
40 62,7			1n	1n	»	Pb?
33,65	33,70	K et R	10s	12s	4	+
22,85			0n	0n	»	
39 86,1	86,1	E et H	1n	»	»	
68,5			0	»	»	Ca
64,65	64,8	E et H	1n	»	»	
60,6	60,8	»	1nn	»	»	
14,4			00	00	»	N
38 83,4	83,3	E et H	»	0	»	N } ?
50,3	50,4	»	0n	»	»	Cy } ?
37 22,95	22,92	K et R	1	2	4	
36 83,15	83,7	E et H	0	1	»	Pb
38,0	37,94	K et R	0	2	4	+

CUIVRE

Publications récentes sur le spectre du cuivre : le spectre d'arc par MM. Kayser et Runge (1) et le spectre d'étincelle par MM. Eder et Valenta (2) et par MM. Exner et Haschek (3).

Avec l'étincelle ordinaire nous avons trouvé un certain nombre de raies qui n'ont pas été observées avant nous ; mais il est probable que quelques-unes d'entre elles sont dues à des impuretés. Avec la self-induction la plupart de ces raies disparaissent ; celles qui subsistent deviennent plus faibles et courtes et parmi elles se trouvent aussi les couples qui entrent dans les séries de M. Rydberg et de MM. Kayser et Runge.

Le tableau ci-dessous a été dressé d'après des spectrogrammes obtenus avec une pose de 5 minutes pour l'étincelle ordinaire et de 10 minutes pour l'étincelle oscillante (avec la bobine B_{12}). La longueur de l'étincelle était de 2 millimètres environ, et elle était produite par la décharge de deux plaques du condensateur.

(1) Kayser et Runge. — *Die Spectren der Elemente*, t. V, p. 7, Berlin (1892).

(2) Eder et Valenta. — *Denkschr, K.-Akad; Wiss, Wien*, t. LXIII, p. 196 (1896).

(3) Exner et Haschek. — *Ber. K.-Akad. Wiss. Wien.*, t. CIV, p. 919 (1895) et t. CV, p. 396 (1896).

CUIVRE

H	λ	I	II	III	
5782,2	82,30 K et R	5	2d	8s	
67,65		00n	»	»	N ?
00,6	00,39 K et R	2	1d	8s	
5652,7		0nn	»	»	
45,2		0nn	»	»	
35,3		0nn	»	»	
08,5	08,83 E et V	0nn	»	»	
5565,0		0nn	»	»	N ?
5487,3	87,30 E et V	00nn	»	»	
78,6		0n	»	»	N ?
52,5		0n	»	»	
38,8	38,79 E et V	0n	»	»	
18,3	18,61 »	0n	»	»	
5391,15		0nn	»	»	
80,55		0n	»	»	
69,7	69,63 E et V	0n	»	»	Sn ?
30,1		0nn	»	»	
18,4		0n	»	»	
5293,0	92,75 K et R	3	0d	6s	
20,3	20,25 »	3	0d	6s	
18,4	18,45 »	15	8d	10b^{v}	+
04,2		0n	»	»	
5153,4	53,33 K et R	10	6d	8nr	+
06,1	05,75 »	8	5d	8r	
5016,7	16,99 E et V	1n	»	»	
4932,6	32,86 »	2nn	»	»	
10,9	10,77 E et V	3nn	»	»	
4852,05		0nn	»	»	
32,7		00	»	»	
13,9		1nn	»	»	
4781,6		0n	»	»	
67,0		0n	»	»	
58,6	58,6 E et V	0n	»	»	
04,9	04,77 K et R	6	3d	8s	
4651,5	51,31 »	10	8d	8s	
34,5	34,47 E et V	3nd	»	»	
4587,1	87,19 K et R	(10n)	0	10n	
56,1	55,94 E et V	4	»	»	
40,1	39,98 K et R	3nn	»	8b^{r}	
31,2	31,04 »	8 ?	2d	8b^{r}	+

Cuivre (*suite et fin*)

H	λ		INTENSITÉS RELATIVES I	II	III	
4525,7	25,5	E et H	0n	»	»	
23,5			0n	»	»	N ?
09,8	09,60	K et R	6n	3d	4s	
07,8	07,62	»	7n	»	6n	
4480,65	80,59	»	2	1d	$8b^{r}$	+
32,9			20nn	»	»	air ?
26,15			10n	»	»	air ?
4378,6			3n	»	»	
48,5	48,2	E et H	12n	»	»	
4275,2	75,32	K et R	12	8d	8r	
48,95	49,17	E et V	2n	»	»	
06,4			10n	»	»	air ?
4062,65	62,94	K et R	8	5d	$10b^{v}$	+
60,5			0nn	»	»	
56,65			0nn	»	»	N ?
43,4	43,7	E et V	10nn	»	»	
41,15			15nn	»	»	N ?
22,8	22,83	K et R	6	6d	10r	+
12,4			2nd	»	»	
09,2			2nd	»	»	
04,95			3nd	»	»	
03,3	03,1	E et H	1nd	»	»	
01,55			1nd	»	»	
3999,8			1nd	»	»	
61,6	61,6	E et H	3nd	»	»	Al ?
59,5	59,6	E et V	0nd	»	»	
3899,6	99,9	»	2nd	»	»	
07,5	07,84	»	00nn	»	»	
3791,2	91,12	»	0nn	»	»	
77,4	77,17	»	0nn	»	»	
59,95	59,6	E et H	2nd	»	»	
54,9	54,78	E et V	1nd	»	»	
3686,65	86,70	»	1n	»	»	

ARGENT

Le spectre d'arc a été étudié par MM. Kayser et Runge (1), le spectre d'étincelle par MM. Eder et Valenta (2) et par MM. Exner et Haschek (3).

Les raies du spectre de l'argent se comportent, sous l'influence de la self-induction, de la même manière que celles du cuivre. La plupart disparaissent et celles qui subsistent appartiennent en partie à la deuxième classe et entrent dans les séries de MM. Kayser et Runge.

Le temps de pose pour les spectrogrammes à l'aide desquels a été dressé le tableau ci-joint, était de 5 minutes pour l'étincelle ordinaire et de 10 minutes pour l'étincelle oscillante (bobine B_6). La longueur de l'étincelle a été, comme toujours, de 2 millimètres et était produite par deux plaques de notre condensateur.

(1) Kayser et Runge. — *Die Spectren der Elemente*, V, p. 19 Berlin (1892).

(2) Eder et Valenta. — *Denkschr. K.-Akad. Wiss. Wien.*, t. LXIII, p. 213 (1896).

(3) Exner et Haschek. — *Ber. K.-Akad. Wiss. Wien.*, t. CIV. p. 917 (1895) et t. CV, p. 393 (1896).

ARGENT

λ H	λ		INTENSITÉS RELATIVES I	II	III	
5656,65	56,99	E et V	0n	»	»	
46,55	46,50	»	0nn	»	»	
28,1	28,40	»	0n	»	»	
22,8	23,34	»	2n	»	»	
11,15			0n	»	»	
5580,85	80,89	E et V	0n	»	»	
70,2	70,63	»	1n	»	»	
58,85	58,98	»	0n	»	»	
21,05	21,25	»	0nn	»	»	
5489,05	89,06	»	0n	»	»	
78,9			0n	»	»	air?
71,85	71,72	K et R	4	6	6	+
65,4	65,66	»	10	12	10r	
24,2	24,9	E et V	1n	»	»	
03,85	04,13	»	2n	»	»	
00,8	01,10	»	2n	»	»	
5209,0	09,25	K et R	10	12	10r	+
5171,4			0n	»	»	
69,5			0n	»	»	
5032,7			0n	»	»	
12,0			0n	»	»	
4874,3	74,42	E et V	1n	»	»	
65,05			00n	»	»	
4673,6			0n	»	»	
68,7	68,70	K et R	2	6	$8b^{v}$	+
58,05			0nd	»	»	
54,2			0nd	»	»	
4548,3			1nn	»	»	
4476,2	76,29	K et R	4	6	6b	+
32,7			3nn	»	»	air?
4311,4	11,28	K et R	2	5s	4	
09,7			1nn	»	»	
4211,85	12,1	K et R	10r	15r	8r	+
4133,1			10n	»	»	0
4061,1			0nn	»	»	
55,85	55,44	K et R	2	10	6	+
3985,2	85,18	E et V	2	»		
81,8	81,87	K et R	2	8	5b	+
51,3			0n	»	»	
49,45	49,5	E et H	0n	»	»	
42,8	43,0	»	1nn	»	»	
3710,95			0n	»	»	

AIR

En étudiant les spectres des quatorze métaux que nous venons de passer en revue, nous avons eu l'occasion de faire quelques observations sur le spectre de l'air (étincelle ordinaire) sous l'influence de la nature du métal. L'intensité de ces raies varie beaucoup avec le métal qui constitue les électrodes; ainsi on obtient des spectres de l'air très intenses avec le cuivre, l'argent, l'aluminium et l'antimoine; des spectres très faibles avec le cadmium et le magnésium. Mais cette influence du métal sur les raies de l'air n'est pas la même pour toutes les raies : il y a des raies qui sont plus ou moins influencées que d'autres.

Dans le tableau ci-joint nous donnons les intensités des raies de l'air pour chacun des 14 métaux que nous avons étudiés en particulier. Nous donnons également les longueurs d'onde d'après M. Néovius (1) et le signe de l'élément d'après ce même auteur. La liste de M. Néovius contient en outre un certain nombre de raies très faibles que nous n'avons pas obtenues sur nos photographies. Nos longueurs d'onde concordent assez bien avec celles de M. Néovius, vu la difficulté de mesurer ces raies diffuses et souvent très larges. Il y a cependant une grande différence entre nos nombres pour la raie verte $\lambda = 5002,7$ A (Néovius). Nous avons trouvé comme longueur d'onde de cette raie $\lambda = 5001,6$ A. Avec certains métaux, comme le cuivre et l'argent, on obtient également le spectre de bandes négatif de l'azote; mais ce spectre est très faible dans l'étincelle ordinaire. Avec l'augmentation de la self-induction, toutes les raies du spectre de lignes disparaissent com-

(1) Néovius. — *Bihang till K. Svenska Vet. Akad.*, Handlingar, t. XV *afd.* I, N° 8, p. 1-69 (1891).

plètement et avec certains métaux on obtient un spectre de bandes. Ce spectre de bandes est très vif avec des électrodes en zinc, cuivre, aluminium, argent; très faible avec l'antimoine et l'étain. Nous ne l'avons pas obtenu avec les autres métaux. Ces bandes coïncident avec celles mesurées par M. Deslandres (1) et par M. Hasselberg (2). dans le pôle négatif d'un tube de Geissler contenant de l'azote. Les raies de ces bandes sont contenues dans le tableau ci-joint où nous avons en même temps donné, à titre de comparaison, les longueurs d'onde mesurées par MM. Hasselberg et Néovius (3).

(1) H. Deslandres. — Spectres de bandes ultraviolets des métalloïdes (Thèse de doctorat Paris 1888).

(2) B. Hasselberg. — *Mém. Acad.*, Saint-Pétersbourg, t. XXXII, n° 15 (1885).

(3) Néovius. — *L. c.*

SPECTRE DE LIGNES DE L'AIR

8

SPECTRE DE LIGNES

λ H	λ Néovius	Fe	Mn	Ni	Co	Cd
5747,4	47,5 N	1n	»	0	0	»
10,6	12,3 N	3n	3n	2n	3	»
5686.3	86,3 N	3n	2n	2n	2n	»
79,3	79,8 N	10n	8n	8n	8n	3n
76.3	76,0 N	6n	3n	3nn	3n	0n
66,4	67,1 N	9n	6n	6n	6n	2n
5551.9	51,0 N	2n	0n	0nn	0n	»
43,3	43,0 N	2n	0n	1n	0n	»
35,1	35,2 N	5n	2n	3n	3n	»
30,0	30,4 N	4n	1n	1n	»	»
26,3	26,4 N	1n	0n	»	»	»
5495,9	96,6 N	4n	3nn	3n	2n	»
80.3	79,8 N	0n	»	0nn	»	»
63,0	62.8 N	»	0n	0n	0n	»
54,4	53,8 N	»	»	»	»	»
52,5	»	»	»	0n	»	»
32,6	32,3 N	»	»	»	»	»
11,3	11,1 N	»	»	»	»	»
00,8	01,0 N	»	»	»	»	»
5393,4	93,5 N	»	»	»	»	»
39,6	39,7	»	»	»	»	»
5207,5	06,7 O	»	»	»	»	»
01,1	00.9 N	»	»	»	0nn	»
5179,6	80.0 N	2n	0n	0n	0nn	»
76,0	76,7 NO	0n	»	0n	»	»
73,2	72,5 N	»	»	»	»	»
5045,3	45,7 N	3n	2n	2n	3n	»
25,9	25,8 N	1n	»	0n	»	»
23,1	23,3 N	0n	»	0nn	»	»
16,5	16 5 N	2n	»	»	1nn	»
10,7	11,0 N	2n	1n	1n	1n	»
07,5	07,8 N	2n	»	1n	2n	»
05,4	05,7 N	12	10n	8n	8n	1n
01,6	02 7 N	12	10n	8n	8n	1n
4994,5	94,9 N	4n	2n	3nn	1n	»
87,6	87,6 N	1n	»	0n	»	»
55,2	55,2 O	»	»	»	»	»
42,9	42,7	1n	»	0n	0n	»
41,2	»	1n	»	»	0n	»
24,7	25,2 O	»	»	0n	»	»
07,0	07,3 O	0n	»	»	»	»
4895,4	96,5 N	0n	»	»	»	»

DE L'AIR

Zn	Mg	Al	Sn	Pb	Bi	Sb	Cu	Ag
»	»	0n	»	»	»	»	1n	0n
1	»	2n	2n	00	»	»	3n	4n
1n	0n	1n	2n	»	»	»	3n	3n
5n	3n	10n	8n	2n	2n	2n	12n	10n
2n	0n	4n	2n	»	0n	»	6n	3n
4n	2n	7n	4n	4n	1n	1n	10n	8n
00n	»	1n	»	»	»	»	1n	1n
00n	»	1n	»	»	»	»	1n	0n
1n	»	3n	1n	0	»	»	5n	1n
0n	»	1n	0n	»	»	»	2n	0n
»	»	0n	»	»	»	»	1n	00n
1n	0n	3n	1n	»	»	»	6n	3n
00nn	»	0nn	»	»	»	»	0n	»
»	»	0n	»	»	»	»	1n	»
»	»	»	»	»	»	»	0n	00n
»	»	0n	»	»	»	»	0n	00n
»	»	»	»	»	»	»	00n	»
»	»	»	»	»	»	»	»	0n
»	»	»	»	»	»	»	»	2n
»	»	»	»	»	»	»	»	00n
»	»	»	»	»	»	»	0nn	00n
»	»	»	»	»	»	»	0nn	»
»	»	»	»	»	»	»	0n	»
»	»	1nn	0n	»	»	»	1n	1n
»	»	»	»	»	»	»	0n	0n
»	»	»	»	»	»	»	0n	0n
0	»	3	1n	3nn	»	»	5n	3n
»	»	0	3n	»	»	»	1n	»
»	»	»	»	»	»	»	0n	00n
»	»	0	»	»	»	»	1n	0n
0n	»	1n	1n	»	»	»	2n	1n
1n	»	1n	»	»	»	»	3n	1n
6n	2n	10n	6n	3	2n	1n	10n	7n
6n	2n	10n	6n	1n	2n	1n	10n	7n
0n	»	2n	1n	»	»	»	4n	1n
»	»	0n	0n	»	»	»	1nn	0n
»	»	»	»	»	»	»	2nn	»
»	»	0n	1nn	»	»	»	1n	0n
»	»	0n	»	»	»	»	1n	0n
»	»	0n	»	»	»	»	1n	0n
»	»	0nn	»	»	0nn	»	1nn	0n
»	»	»	»	»	»	»	1n	0n

Spectre de lignes

λ H	λ Néovius	Fe	Mn	Ni	Co	Cd
4879,8	79,7 N	»	»	0n	»	»
60,6	61,0 N	»	»	»	»	»
56,6	56,3 O	»	»	»	»	»
48,0	48,0 N	0n	»	»	»	»
10,6	10,8 Sb?	2n	0n	0n	»	»
06,1	06,2 N	2n	»	1n	0n	»
03,5	03,6 N	9n	5n	8n	5nn	»
4793,8	94,2 N	1n	0n	0n	»	»
88,3	88,5 N	7n	3n	5n	3n	0
80,0	80,1 N	5nn	2n	2n	»	»
74,3	74,6 N	0nn	0n	»	»	»
68,6	68 2	»	»	»	»	»
65,5	65,1 N	0n	»	»	n	»
51,4	52,0 O	0nn	»	»	»	»
41,8	42,1 O	0n	»	»	»	»
35,8	36,1 N	2n	0n	1n	»	»
27,0	26,8 N	0nn	»	0nn	0n	»
18,6	18,5 N	0n	0nn	0nn	n	»
10,1	10,1 O	2n	»	1n	2nn	»
05,4	05,6 O	6n	5n	5n	5n	1n
4699,2	99,7 O	6n	5n	5n	5n	1n
76,2	76,5 O	5	3n	5n	4n	»
75,0	74,8 N	3n	1n	2n	»	»
67,7	68,1 N	»	»	»	»	»
61,8	61,9 O	8n	5n	6n	3	1n
58,2	58,1 N	»	»	0nn	»	»
54,8	54,8 N	»	1n	1n	2n	»
51,1	51,0 NO	6n	2n	3n	3n	0
49,2	49,2 O	10n	10n	15n	10n	3n
43,3	43,4 N	10n	10n	8n	10n	2n
41,9	41,9 O	10n	10n	8n	10n	2n
39,0	39,0 O	9n	4n	5n	4n	0
34,0	34,0 N	1	»	0n	»	»
30,6	30,9 N	20n	20n	20n	15n	5n
21,5	22,0 N	10n	8n	10n	8n	2n
13,9	14,2 N	9n	7n	10n	7n	2n
09,6	09,6 NO	1n	»	1n	n	»
07,3	07,2 N	10n	8n	10n	8n	2n
01,6	01,3 N	10n	10n	10n	8n	3n
4596,2	96,6 O	8n	3n	5n	3n	1n
91,1	91,1 O	8n	5n	6n	4n	2n
79,5	79,2 N	1nn	»	0n	»	»

de l'air (*suite*)

Zn	Mg	Al	Sn	Pb	Bi	Sb	Cu	Ag
»	»	0nn	»	»	»	»	0n	00n
»	»	»	»	»	»	»	1nn	0n
»	»	»	»	»	»	»	1n	0n
»	»	»	»	»	»	»	0n	0n
n	»	0n	1n	»	»	?	1n	1n
»	»	0n	0n	»	»	»	1n	0n
3n	2n	10n	3n	2n	1n	2n	10n	8n
00n	»	0nn	0n	»	»	»	2n	0n
2n	1n	5nn	3n	1n	1n	1n	8n	4n
1n	1n	4n	2n	0nn	0n	0n	7n	3n
00	»	1nn	0nn	»	»	»	1n	0n
»	»	»	»	»	»	»	0n	»
»	»	»	0nn	»	»	»	0n	0n
»	»	0nn	00nn	»	»	»	1nn	0n
»	»	»	00nn	»	»	»	0n	00n
0	»	»	0n	»	»	»	1n	0n
»	»	»	00nn	»	»	»	0n	0n
»	»	»	0n	»	»	»	1n	0n
0	»	3nn	1n	0n	»	»	3n	1n
3n	»	8n	5n	1n	10nn	0n	15n	4n
2n	»	8n	4n	1n	»	00n	15n	4n
1	0n	4n	2n	1nn	0n	0n	10n	3n
0	»	»	1n	»	»	»	10n	1n
»	»	»	0n	»	»	0n	1n	0n
3n	1n	»	3n	1n	1n	0n	10n	6n
»	»	»	»	»	»	0n	1	0n
»	»	2n	0n	»	»	»	2	1n
2n	0	3n	1n	»	1n	0n	15n	4n
5n	3n	10n	8n	6n	4n	3n	15n	10n
5n	2n	10n	8n	4n	3n	2n	15n	6n
4n	2n	10n	6n	5n	3n	2n	15n	6n
1n	0n	4n	2n	0nn	0n	0n	15n	4n
»	»	1n	»	»	»	»	n	0nn
15n	7n	20n	15n	10n	10n	10n	20n	15n
6n	2n	10n	5n	2n	3n	2n	15n	7n
5n	1n	9n	5n	2n	3n	2n	15n	6n
»	»	»	»	»	»	»	1n	0n
6n	2n	10n	8n	3n	4n	3n	15n	10n
7n	3n	12n	9n	4n	4n	4n	15n	10n
3n	1n	7n	4n	2n	1n	0n	10n	7n
4n	1n	8n	5n	3n	2n	8n	15n	8n
»	»	»	»	»	»	»	1n	0nn

Spectre de lignes

λ H	λ Néovius	Fe	Mn	Ni	Co	Cd
4565,0	65,0 N	1nn	0nn	0nn	»	»
52,3	52,6 N	»	2nn	0nn	»	»
45,2	45,1 N	»	»	»	»	»
30,3	30,3 N	»	2nn	4nn	»	»
23,5	23,0 N	»	»	»	»	»
17,9	18,0 N	»	»	»	»	»
14,9	14,8 N	3n	»	0nn	»	»
11,0	11,6 N	»	»	»	»	»
07,9	07,7 N	3n	2n	3n	2n	1n
4491,1	91,2 O	1n	»	0nn	»	»
88,3	88,0 N	»	»	0nn	»	»
78,0	78,0 N	1nn	0n	1nn	»	»
69,3	69,6 O	»	»	»	»	»
67,8	67,8 O	»	»	0n	»	»
65,3	65,4 O	1nn	»	0n	»	»
60,0	60,0 N	»	»	»	»	»
52,4	52,7 O	1n	»	1n	1n	»
47,3	47,3 NO	20n	20n	20n	15n	5n
43,5	43,2 O	»	»	»	»	»
32,7	34,4 } 32,0 } N	»	2nn	3nn	»	»
26,2	26,1 N	1n	1n	1n	n	»
17,2	17,3 O	9n	4n	10n	4n	»
15,2	15,0 O	»	»	»	»	»
01,4	01,3 N	»	0nn	n	n	»
4396,1	96,1 O	3nn	1nn	1n	n	»
85,4	85,8 N	1n	»	»	»	»
79,8	79,7 N	»	»	»	»	»
71,5	71,4 N	»	»	»	»	»
69,6	69,7 O	»	»	»	»	»
67,0	67,0 O	3nn	4n	7n	4n	1
51,4	51,6 O	6n	3n	8n	3n	1n
49,6	49,4 O	6n	7n	10n	6n	2n
47,7	47,9 NO	5n	3n	7n	3n	1n
45,6	45,8 O	6n	4n	8n	4n	1n
37,0	37,1 O	»	»	3n	2	»
31,7	31,7 NO	»	»	»	»	»
27,7	27,3 O	»	»	»	»	»
19,6	19,9 O	3	3n	3n	3n	2n
17,1	17,1 O	3	3n	3n	3n	2n
03,3	03,4 O	1n	»	»	n	»
4253,7	54,1 O	»	»	1nn	»	»

de l'air (*suite*)

Zn	Mg	Al	Sn	Pb	Bi	Sb	Cu	Ag
»	»	»	0n	»	»	»	1n	0n
0nn	»	1nn	»	»	»	»	2nn	»
»	»	»	»	»	»	»	0nn	00nn
0nn	»	»	»	»	»	»	5nn	2nn
»	»	»	»	»	»	»	0n	»
»	»	»	»	»	»	»	»	00nn
»	»	»	»	»	»	»	1nn	1nn
»	»	»	»	»	»	»	1nn	0nn
»	»	2n	0n	0nn	»	1n	3n	2nn
»	»	»	»	»	»	»	00	»
»	»	»	»	»	»	»	0n	»
0n	»	20nn	0n	»	2nn	»	2n	0nn
»	»	»	»	»	»	»	2n	0n
»	»	1n	0n	»	»	»	3n	1n
»	»	1n	0n	»	»	»	3n	1n
»	»	»	»	»	»	»	0n	0n
0n	»	1n	0nn	»	»	»	3n	1n
10n	1n	20n	10n	7n	8n	8n	50n	20n
»	»	»	»	»	»	»	0n	0n
1nn	»	2nn	»	»	»	»	20nn	3nn
0n	»	1n	0n	»	»	1nn	10n	0n
2n	1	3n	3n	1n	0n	1n	12n	10n
2n	2n	5n	3n	»	»	»	15n	10n
0nn	»	0n	0nn	1n	»	»	0nn	0n
0n	»	2n	0nn	»	»	»	3n	1n
»	»	»	»	»	»	»	»	0n
»	»	2n	00nn	»	0n	»	0n	0n
»	»	»	»	»	»	»	0n	00nn
»	»	0n	»	»	»	»	0n	0n
3n	0n	4n	3n	0n	0n	0n	10n	8n
1n	»	5n	2n	0n	0n	n	10n	7n
3n	0n	10n	5n	2n	1n	1n	12n	10n
1n	0n	4n	2n	0n	0n	0n	10n	5n
2n	0n	5n	2n	0n	0n	0n	10n	6n
»	»	2n	2n	»	»	1n	3n	1n
1nn	»	1n	»	»	»	0n	3n	2n
1n	»	1n	»	»	»	»	3n	1n
3n	2n	3n	3n	3n	2n	3n	10n	5n
3n	2n	3n	3n	3n	2n	3n	10n	5n
»	»	»	»	»	»	»	3nn	»
»	»	3nn	1nn	»	»	0n	3nn	1nn

Spectre de lignes

λ H	λ Néovius	Fe	Mn	Ni	Co	Cd
4241,6	42,1 N	1nn	»	3nn	4nn	1n
36,2	37,0 N	»	»	3nn	»	»
28,0	28,9 N	»	»	»	»	»
22,5	23,4 N	»	»	»	»	»
15,4	15,6 N	»	»	»	3nn	»
4199,5	98,2 N	»	»	»	»	»
95,6	96,5 N	»	»	3n	»	»
89,7	90,0 O	2n	»	5n	5n	3n
85,4	84,8 O	1n	2n	5n	5n	3n
73,5	»	»	»	2nn	»	»
69,1	69,5 O	»	»	1n	»	»
56,5	56,7 O	»	2n	»	»	»
53,3	53,7 O	3n	2nn	3n	4nn	1nn
45,8	45,9 NO	3n	2n	3n	6	1nn
43,6	43,8 O	»	»	»	»	»
42,2	42,6 NO	»	»	3n	»	»
33,2	{ 34,2 / 32,9 } NO	»	»	3nn	»	»
29,6	29,3 O	»	»	»	»	»
24,2	24,0 NO	2n	»	0n	»	»
21,8	21,8 O	»	»	n	»	»
20.7	20,6 O	»	»	»	»	»
19,6	19,4 NO	»	5nn	»	»	1nn
14,2	14,2 O	»	»	»	»	»
12,2	12,4 O	0n	»	0n	»	»
11,1	11,0 O	0n	»	0n	»	»
05,3	05,2 O	2n	7n	2n	»	2n
03,5	03,4 N	2n	6n	1n	2n	1n
4097,3	97,3 NO	3nn	3nn	3nn	n	1n
93,1	93,1 O	1n	»	1n	»	»
89,0	89,3 O	1n	»	1nn	»	»
85,1	85,3 O	n	0n	1n	»	1n
82,0	81,7 N	»	»	»	»	»
78,9	79,1 O	»	»	0n	»	0n
75,9	76,3 O	8n	5n	8n	6n	3n
72,0	72,4 O	8n	4n	6n	»	n
69,7	70,1 O	8n	»	7n	5n	3n
56,6	56,8 N	»	»	»	»	»
41,4	41,5 N	»	»	3nn	»	1n
35,1	35,2 N	»	»	1nn	»	1n
25,7	25,9 N	»	»	1nn	»	»
3995,3	95,2 N	15n	20n	15n	n	8n

de l'air (*suite*)

Zn	Mg	Al	Sn	Pb	Bi	Sb	Cu	Ag
10nn	»	10nn	»	»	1nn	5nn	15nn	10nn
10nn	»	8nn	»	»	0n	5nn	15nn	10nn
8nn	»	8nn	2nn	1n	»	2nn	10n	5nn
3nn	»	2nn	2nn	0n	»	2nn	2nn	0nn
»	»	»	10n	0n	»	»	2nn	»
»	»	1nn	»	»	»	»	5nn	»
»	»	1nn	»	»	»	4n	4nn	»
6n	3	5n	5n	3n	2n	3n	10n	10n
6n	3	5n	5n	2n	2n	3n	10n	10n
»	»	»	»	»	»	»	»	2n
»	»	»	»	»	»	0n	3n	2n
»	»	»	1n	»	2n	0n	3n	1n
6n	2nn	3nn	5nn	3n	1n	2n	5n	8n
6n	2n	3n	5n	1n	1n	2n	5n	8n
»	»	»	»	»	»	1n	2n	2n
»	»	»	»	1n	»	»	1n	1n
6nn	1n	4nn	6n	2n	0n	6n	7n	10n
»	»	»	»	1n	»	»	0n	0n
2n	0	2n	3n	0n	»	0n	1n	1n
»	»	8nn	»	»	?	»	2n	»
»	»	»	»	»	»	»	2n	»
10n	3n	»	8nn	6n	»	6n	10n	10n
»	»	»	0n	»	»	»	1n	0n
»	»	2n	1n	0n	0n	»	3n	1n
»	1nn	2n	1n	0n	0n	1nn	3n	1n
3n	2	4n	3n	3n	1n	4n	5n	8n
3n	2	4n	2n	0n	0n	1n	5n	7n
10n	3	6n	3n	3n	5n	3n	10n	10n
2n	0	2n	1n	1n	0n	1n	5n	1n
»	»	1nn	»	»	00n	»	3nn	1nn
3n	1	2n	3n	1n	0n	2n	5n	4n
»	»	»	»	»	»	»	2n	»
1n	0n	1nn	1n	0n	15?	0n	5n	3n
10n	3n	8n	10n	5n	3n	8n	10n	10n
10n	2n	8n	10n	4n	3n	7n	10n	9n
10n	2n	8n	10n	4n	3n	7n	10n	9n
»	»	»	»	»	»	»	0nn	»
10nn	1nn	10nn	5nn	2nn	5nn	5nn	15nn	20nn
7nn	»	8nn	3nn	1n	1nn	»	10nn	10nn
2nn	»	3nn	1nn	»	»	»	4nn	3nn
20n	10n	20n	20n	15n	15n	15n	20n	20n

Spectre de lignes

λ H	λ Néovius	Fe	Mn	Ni	Co	Cd
3982,6	82,9 O	2n	»	2n	»	0n
73,2	73,5 O	8n	5n	n	»	5
55,9	56,1 N	4n	3n	3n	3n	3n
54,5	54,6 O	5n	3n	3n	3n	3n
47,4	47,5 O	»	»	»	»	0
45,1	45,3 O	3n	1nn	2nn	»	1
39,8	39,7 N	0n	»	1nn	»	»
28,6	28,8?	»	»	»	»	»
19,1	19,2 NO	5nn	2nn	2nn	4nn	3nn
12,1	12,2 O	4nn	0nn	2nn	2nn	1n
07,6	07,8 O	»	»	»	»	»
3882,3	82,6 O	3nn	»	1nn	»	0n
64,6	64,7 O	»	»	»	»	»
60,6	68,5 Cu?	»	»	»	»	»
56,5	57,2 NO	»	»	»	»	»
51,0	51,6 / 50,6 NO	»	»	»	»	»
48,1	48,1 NO	»	»	»	»	»
43,0	43,1 N	»	»	»	»	»
39,1	39,8 N	»	»	»	»	»
30,6	31,0 N	»	»	»	»	»
09,4	09,9 N	»	»	»	»	»
3760,0	55,9 O	»	»	»	»	»
49,5	49,7 O	»	»	n	»	»
27,5	27,4 O	»	»	»	»	»
13,0	12,9 O	0nn	»	»	»	»

de l'air (*suite et fin*)

Zn	Mg	Al	Sn	Pb	Bi	Sb	Cu	Ag
2n	0	5n	3n	0n	0n	1n	4n	3
8n	4n	10n	10n	5n	4n	6n	10n	10n
6n	2n	5n	6n	2n	2n	3n	10n	6
»	2n	5n	5n	2n	2n	2n	9n	6
1nn	0n	»	1nn	0n	»	0nn	1nn	»
2n	0n	»	2n	0n	0n	0n	4n	3n
1nn	»	»	2nn	»	»	»	2n	2n
»	»	»	»	»	»	»	0n	»
6n	3n	10n	10n	2n	3nn	4n	10n	8n
2nn	2n	5n	3n	0n	0n	1n	8n	5n
»	»	0n	»	»	»	»	2n	1n
1nn	»	4n	3nn	0n	00n	0n	8n	4n
»	»	2nn	1n	»	15n	»	3n	0n
»	»	»	»	»	»	»	0n	»
»	»	2nn	»	»	»	»	1nn	»
»	»	1nn	»	»	»	»	0nn	
»	»	1nn	»	»	»	»	0nn	»
»	»	2nn	»	»	»	»	1nn	»
»	»	3nn	»	»	»	»	2nn	0nn
»	»	1nn	»	»	»	»	1nn	»
»	»	»	»	»	»	»	0nn	»
»	»	0n	»	»	»	»	»	»
»	»	8n	2n	»	»	0n	10n	2n
»	»	3n	2n	»	»	»	3n	1n
»	»	2n	1n	»	»	»	2n	»

Spectre de bandes de l'azote. — *Bandes violettes.*

λ H	λ Hasselberg	Intensités relatives II
42 78,4	78,6	1
76,3	76.2	1
75,6	75.6	0
74,9	75,0	1
74,2		0
73.6	73,5	1
72 8	72,7	0
72,0	71,8	1
71,0	70,8	0
70,0	69.8	1
68,9	68,6	0
67,8	67,5	1
66,6	66.3	0
65,3	65,1	1
64 0	63.7	0
62,5	62,3	1
61.2	60,9	0
59,6	59.4	1
58,1	57,8	0
56,4	56,1	1
54 9	54,5	0
53.4	52,8	1
52 8		0
51,1	50,9	0
49,2	49,1	1
47 5	47,1	0
45,4	45,2	1
43,3	43,2	0
41,2	41,0	1
39.0	(37,1)?	0
36,8	36,9	1
35,7	35,7	0
34,6	34,5	1
33,4	33,4	0
32,1	31,9	2
31,1	31,0	0
30,4	30,1	0
29,8	(29,2)	1
28,5	28,2	0
27,4	27,2	2

λ H	λ Hasselberg	Intensités relatives II
42 26,5	26,1	1
24,9	25,0	1
24,1	23,7	1
23,1	(22,5)	1
22,2	22,1	2
21,6		1
21,1		1
19,6	19,7	0
18,9	19,0	1
17,0	16,7	2
16,0	16,0	1
14,3	14,7	1
12,8	13,3	0
11,6	11,7	2
11,0		0
10,4	09,9	0
08,8		0
08,3	08,2	0
07,4		0
05,7		2
04,6	04,2	0
03,6		0
02.6		0
01,5		0
00,0	00,3	0
41 98,8	98,9	2
97,5	97,5	0
96,4	96,5	1
95,4	95.9	0
93,4	93,9	2
	92,9	
92,1	92.0	0
90,4	90,2	0
87,0	86,7	2
85,9	85,6	0
84,3	84,2	0
83,8		0
82.4	82,9	0
	81,5	
80,2		2

λ H	λ Hasselberg	Intensités relatives II
41 78,1	78,5	0
77,2	77,0	1
76,3		0
75,4	75,3	0
74,6		0
73,5	73,5	2
72,8		0
72,0	71,9	1
70,2		1
69,6		1
68,4		0
67,6		0
66,6	66,9	2
	66,2	
64,4		0
63,2		0
62,2		0
60,7		0
59,6		1
58,0		0
56,4		1
54,2		1
52,0		3
49,7		0
49,0		0
48,4		0
47,3		0
44.8		0
43,9		0
42,6		0
40,7		1
39,4		0
37,7		0
37,2		1
36,6		0
33,0		1
29,9		0
29,1		1
28.0		1
26,3		1

Bandes violettes (*suite et fin*)

λ H Hasselberg	Intensités relatives H	λ H Hasselberg	Intensités relatives H	λ H Hasselberg	Intensités relatives H
41 25,1	1	40 83,1	0	40 25,7	0
24,1	0	81,3	1	23,1	0
22,8	1	77,0	1	20,8	0
21,1	1	73,0	0	19,4	1
20,5	1	69,2	1	17,0	0
19,8	1	67,8	1	14,8	0
18,3	0	66,9	1	12,3	0
16,8	1	66,0	0	09,8	0
14,9	0	65,0	0	07,8	0
12,4	2	63,6	0	39 98,6	1
09,6	1	62,6	1	89,1	1
07,8	2	61,0	1	86,4	0
06,1	0	58,8	1	79,5	1
04,6	1	56,8	0	72,0	0
03,2	1	55,9	1	70,1	0
02,8	1	54,0	0	67,9	0
00,5	1	52,4	1	65,9	0
40 99,5	1	50,6	00	63,4	0
98,0	0	49,2	0	61,6	0
96,8	1	48,4	0	59,5	0
95,1	2	45,8	0	57,5	0
92,9	1	43,4	0	54,6	0
90,6	1	41,4	00	51,4	00
88,9	0	39,8	1	47,6	0
86,9	0	38,9	0	46,4	0
86,2	0	29,9	1	33,9	0 Ca?
85,1	0				

Spectre de bandes de l'azote. — *Bande ultra-violette*

λ H	λ Néovius	Intensités relatives H	λ H	λ Néovius	Intensités relatives H	λ H	λ Néovius	Intensités relatives H
39 14,4	14,6	8ss	38 79,8		0	38 44,1		0
13,9		3s	79,3	79,4	3	43,2		1
13,6	13,6	0s	78,5		0	42,7	42,7	2
13,4		3s	78,1		0	40,5		2
13,0	12,9	0s	77,4	77,4	3	39,5		0
12,6	12,4	3s	77,0		0	38,6		0
12,2	12,0	0s	76,6		1	37,7	37,8	2
11,6	11,5	3s	75,6	75,6	3	36,7		1
11,2	11,0	1s	74,9		0	35,3	35,4	2
10,6		3s	73,6	73,6	3	33,2		0
10,0	10,1	1s	73,0		0	32,5	32,5	2
09,3	09,5	3s	71,8	71,9	2	31,1		0n
08,6	08,7	1s	71,4		3	30,0		1
07,8	08,0	3s	71,0		2	29,0		0
07,1	07,3	1s	69,8	69,8	3	28,3		0
06,2	06,4	3s	68,6		1	27,2	27,2	1
05,2	05,3	2	67,8	67,7	3	26,2		00
04,3	04,7	3	66,2		0	25,4		00
03,2	03,2	2	65,6	65,7	3	24,6	24,6	1
02,4	02,4	3	63,7	63,5	3	21,7	21,7	1
01,1	01,3	2	62,6		00	19,0	18,8	0
00,1	00,3	3	61,6	61,4	3	17,9		0n
38 99,1	99,0	1	60,9		2	16,0	16,1	1
98,6		2	59,5	59,4	3	14,7		00
98,0		2	57,9		2	13,2	13,3	0
97,4		1	57,1	57,0	3	12,2		00
96,7		2	55,9		0	10,2	10,3	1
96,1	96,3	3	55,0	55,0	3	07,4	07,0	00
94,9	95,1	3	54,3		0	04,1	04,2	1
93,5	93,5	3	53,6		0	01,1	00,9	00n
92,0	92,2	3	52,8	52,8	2	37 98,1	98,1	0
90,6	90,7	3	51,6		1	95,1	95,2	0
89,1	89,2	3	50,6	50,5	1	92,0	92,0	0
87,5	87,5	3	50,2		1	89,0	88,5	0
86,0	86,2	3	50,0		1	85,6	85,4	0
84,2	84,5	3	49,2		0	82,4	82,2	0
83,2	83,5	3	48,5		0	79,1	79,1	0
82,6		3	48,0		0	76,0		00
80,9	81,1	3	47,6	47,5	2	75,2	75,2	0
80,4		0	45,4	45,2	2	72,3	72,3	0
80,1		0	44,4		0	69,1		00

CONCLUSIONS

En parcourant les listes des raies de ces 14 métaux que nous avons étudiés, il est facile de voir qu'on peut classer ces métaux en deux groupes : l'un qui donne des raies qui sont presque toutes plus ou moins renforcées avec l'augmentation de la self-induction, et le second qui donne des raies qui sont presque toutes plus ou moins affaiblies par suite de la même cause. Les spectres appartenant au premier groupe sont très riches en raies qui pour la plupart, sont fortes et nettes. Les spectres du deuxième groupe possèdent relativement peu de raies qui, en général, sont moins nettes. Il résulte de nos observations que le premier groupe est constitué par les métaux du groupe du fer (Fe, Mn, Co, Ni) ; le deuxième groupe par les dix autres métaux que nous avons étudiés (Cd, Zn, Mg, Al, Sb, Sn, Bi, Pb, Cu, Ag).

Pour expliquer ce groupement, examinons d'abord les métaux du premier groupe. Nous avons montré, dans la première partie de ce mémoire, que l'éclat des étincelles oscillantes jaillissant entre les électrodes en fer ou cobalt, augmente considérablement avec l'accroissement de la self-induction. Avec ces métaux, ainsi qu'avec le manganèse et le nickel, l'auréole a une grande étendue, par suite la quantité de vapeur métallique produite est grande et si l'on prolonge suffisamment la durée de la décharge, en augmentant convenablement la self-induction, cette vapeur métallique aura le temps de se diffuser, quelques instants après la décharge initiale, dans l'espace compris entre les deux électrodes. Cette vapeur formera donc un « pont conducteur » pour les oscillations, et toute l'énergie de ces oscillations peut être utilisée pour chauffer ou exciter d'une autre manière (que nous ne connaissons pas encore) les constituants de la matière qui forme la vapeur métallique. Une étincelle oscillante éclatant entre des électrodes en fer, cobalt, manganèse ou nickel, ressemble donc beaucoup à l'arc voltaïque et, en effet, ainsi que nous l'avons vu, presque toutes les raies spectrales de ces métaux qui sont intenses dans l'arc mais faibles dans l'étincelle ordinaire, sont renforcées par l'augmentation de la self-induction, et les raies qui sont faibles ou manquent dans l'arc mais qui sont fortes dans l'étincelle ordinaire sont, au contraire, affaiblies par la self-induction. De ces faits on pourrait conclure que la température de la vapeur métallique incandescente serait abaissée par l'augmentation de la self-induction. Nous croyons cependant devoir conclure que la température de la vapeur métallique est, au contraire, augmentée et que la température de l'*auréole* de l'étincelle ordinaire éclatant entre ces métaux, est de beaucoup inférieure à la température de l'arc électrique. Cette conclusion paraît *a priori* en contradiction avec le fait que les quelques raies de haute température du fer (« enhanced lines » d'après Sir Norman Lockyer (1) s'affaiblissent ou même disparaissent complètement avec l'augmentation de la self-induction. Mais considérons de nouveau le mécanisme d'une étincelle ordinaire ; d'après les expériences de MM. Schuster et Hemsalech (2) une étincelle ordinaire est constituée de trois parties : la décharge initiale, quelques oscillations très rapides et l'auréole. La décharge est la première phase du phénomène et elle donne naissance au trait lumineux ; la tempé-

(1) Lockyer. — *Recent and coming eclipses*, p. 106, Londres 1897.

(2) Voir la première partie de ce mémoire.

rature de ce trait lumineux est très élevée. Cette décharge initiale produit une certaine quantité de vapeur métallique, quantité qui dépend probablement de la capacité du condensateur et de la nature du métal. Les quelques oscillations rapides ont lieu, comme nous l'avons vu, dans cette vapeur métallique ou *auréole* ; mais la durée totale de cette « décharge oscillante » est beaucoup plus petite que la durée de l'incandescence de cette dernière. Il semble donc que nous ayons trois régions principales de température dans une étincelle électrique : la température du trait lumineux, la plus élevée, la température de la vapeur métallique traversée par des oscillations rapides et la température de l'auréole proprement dite. Comme raies correspondant à ces trois températures nous avons : les raies de l'air (trait lumineux), les raies métalliques de haute température (oscillations rapides dans la vapeur métallique) et les raies métalliques de basse température (l'auréole proprement dite). Il nous paraît certain que ce sont les quelques oscillations rapides qui jouent un rôle déterminant dans la production des raies de haute température des métaux. Maintenant il est également probable que cette deuxième phase de la décharge (oscillations rapides dans la vapeur métallique) soit due à une température plus haute que celle de l'arc, et si nous prolongeons suffisamment la durée de la décharge à l'aide d'une self-induction, de sorte que les oscillations soient distribuées sur toute la durée de l'auréole, il est certain que la température de cette deuxième phase sera diminuée, mais la *température de l'auréole entière sera augmentée* et elle se rapprochera probablement de celle de l'arc électrique. Mais malgré cela, ces deux spectres (spectre d'arc et spectre d'étincelle oscillante) ne sont pas tout à fait identiques. Il y a, en effet, des raies qui sont renforcées considérablement par la self-induction, pendant que d'autres ne le sont que très peu ou même pas du tout, bien qu'elles soient toutes très intenses dans l'arc électrique. Il est maintenant probable que la température n'est pas la seule cause de la production des raies spectrales et les spectres, comme nous les observons, ne sont que des « spectres relatifs » qui sont influencés par la nature et la pression du gaz dans lequel le phénomène lumineux se produit. M. H. Crew (1) a, en effet, récemment démontré que le gaz peut exercer une influence considérable sur l'aspect des spectres d'arc. Peut-être quand nous connaîtrons les « spectres absolus » des éléments, dans des conditions de température données, serons-nous en état d'expliquer des phénomènes qui, en ce moment, sont encore complètement obscurs pour nous.

Examinons maintenant le deuxième groupe des métaux (Cd, Zn, Mg, Ae, Sb, Sn, Bi, Pb, Cu et Ag). Contrairement à ce que nous avons vu dans le premier groupe, les étincelles des métaux du deuxième groupe deviennent de plus en plus faibles avec l'augmentation de la self-induction et par la suite, les raies spectrales de ces métaux s'affaiblissent — sauf quelques exceptions — par l'insertion d'une self-induction, malgré que la plupart de ces raies sont fortes dans l'arc. Il semble donc que pour *ces métaux* la température de l'auréole est *diminuée* par la self induction et qu'elle est au-dessous de la température de l'arc électrique. Cela pourrait s'expliquer par le fait que la quantité de vapeur produite par les étincelles éclatant entre ces métaux est petite et que par le prolongement de la décharge (à l'aide d'une self-induction) cette petite quantité de vapeur perd sa chaleur rapidement, par conséquent, les oscillations traversent de la vapeur métallique relativement froide et par conséquent mieux conductrice : la conductibilité de la vapeur métallique joue probablement aussi un rôle important dans la production de ces transformations spectrales. Dans le cas du magnésium, la quantité de vapeur

(1) Crew. — *Astrophysical Journal*, t. XII, p. 167, 1900.

produite est encore assez grande et, par suite, l'affaiblissement des raies spectrales (excepté les raies de haute température) avec l'augmentation de la self-induction est très lent. Pour quelques métaux, surtout pour l'aluminium, le zinc, le cuivre et l'argent, la quantité de vapeur est si petite que les oscillations sont forcées de prendre leur chemin en partie dans la couche d'air qui se trouve entre les électrodes, ce qui explique la production du spectre de bandes de l'azote avec ces métaux. Pour observer les spectres de ces métaux, on doit employer une self-induction qui soit justement suffisante pour éliminer le spectre de l'air. Il reste encore à voir si, en trempant ces électrodes métalliques dans une solution d'un de leurs sels, on pourrait augmenter l'intensité du spectre. Or, nous avons toujours remarqué qu'en mouillant les électrodes avec de l'eau, les raies métalliques devenaient beaucoup plus intenses.

Il nous semble, d'après ces considérations, que la température de la vapeur métallique dans une étincelle électrique, ne peut dépasser de beaucoup la température de l'arc électrique. Il reste encore à prouver que les raies de haute température ou raies « courtes » sont dues uniquement à une très haute température.

Quant au spectre de lignes de l'air, il disparaît complètement avec l'augmentation de la self-induction. M. Berndt (1) a cependant récemment trouvé que quelques-unes des raies de l'air subsisteraient avec l'augmentation de la self-induction ; mais ces raies sont, croyons-nous, dues à des impuretés (surtout Ca, Mg, et Pb) et non pas à l'air. Nous avons, en effet, reconnu dans la liste des raies de l'air de M. Berndt, les raies du calcium, la raie 4057,97 A du plomb, la raie $\lambda = 2852{,}2$ A du magnésium, etc. Toutes des raies bien connues par leur persistance comme impuretés dans un grand nombre de mé-

(1) G. Berndt. — *Dissertation*, Halle, 1901.

taux, et beaucoup de spectroscopistes se sont trompés en attribuant ces raies à d'autres corps.

Avec certains métaux on obtient le spectre de bandes de l'azote (spectre du pôle négatif) ; nous ne l'avons obtenu avec aucun métal du groupe du fer, ce qui s'explique d'ailleurs très bien par la grande quantité de vapeur produite avec ces métaux, les oscillations traversant seulement de la vapeur métallique.

Ces considérations nous amènent alors à examiner d'un peu plus près la distribution des raies dans les trois classes que nous avons proposées dans la deuxième partie de ce travail. La première classe contient alors les raies de haute température c'est-à-dire les raies de la première et de la deuxième phase d'une étincelle électrique (trait lumineux et oscillations rapides dans l'auréole). La deuxième classe contiendra les raies qui se produisent à la température de l'arc et qui subsistent à des températures beaucoup moindres que celle de l'arc.

Les raies de la troisième classe sont dues à une température qui correspond environ à celle de l'arc.

Cette classification est évidemment arbitraire et ne peut servir que pour préciser les transformations subies par les raies à la suite de l'augmentation de la self-induction.

Le fait que les raies qui entrent dans les séries de MM. Kayser et Runge appartiennent pour la plupart à la deuxième classe, n'a peut-être aucune signification spéciale et d'aillleurs un certain nombre de ces raies (les raies du manganèse) appartiennent à la troisième classe. Mais nous ferons remarquer encore une fois que nos observations ne portent que sur une petite région du spectre et qu'à partir de $\lambda = 3800$ A (environ) les observations ont été très imparfaites, à cause de l'absorption des prismes.

RÉSUMÉ DES PRINCIPAUX RÉSULTATS

1° Nous avons démontré l'influence destructive de l'aimantation du fer sur les oscillations de la décharge d'un condensateur à travers une bobine de self-induction par deux voies différentes.

a) A l'aide d'une expérience démonstrative.

b) Par une méthode directe, en photographiant l'étincelle sur une pellicule photographique mobile.

Nous avons en outre, mis en évidence, dans les mêmes conditions, l'influence des courants de Foucault sur une décharge électrique.

2° L'augmentation de la self-induction du circuit de décharge d'un condensateur est accompagnée :

a) D'une augmentation d'éclat de l'auréole pour les métaux du groupe du fer.

b) D'une diminution d'éclat pour les autres métaux que nous avons examinés dans ce mémoire.

Dans le premier cas la température de l'auréole est augmentée, dans le deuxième cas elle est abaissée.

3° L'emploi de la self-induction fournit une méthode commode d'observer les spectres d'étincelle, le spectre de lignes de l'air étant complètement éliminé.

4° La méthode de M. Schumann que nous avons appliquée pour représenter graphiquement l'influence de la self-induction sur les raies spectrales constitue un moyen rapide de se rendre compte de la « constitution » d'un spectre, soit du premier, soit du second groupe des métaux (en tenant compte des considérations que nous avons présentées plus haut).

Nous avons, en outre, donné sous forme de tableaux, nos observations sur les spectres d'étincelles (avec et sans self-induction) des 14 métaux suivants : Fe, Mn, Ni, Co, Cd, Zn, Mg, Al ; Sn, Pb, Bi, Sb, Cu, Ag, ainsi que les intensités des raies du spectre de lignes de l'air pour chacun de ces métaux et une liste des raies du spectre de bandes de l'azote du pôle négatif, tel qu'on l'obtient dans l'étincelle oscillante.

Nous avons enfin donné des indications pratiques concernant le montage et le réglage d'un spectrographe.

Ce travail a été fait au laboratoire des recherches physiques de la Faculté des sciences de Paris (Sorbonne).

Qu'il me soit permis d'exprimer ici toute ma reconnaissance à M. Lippmann, directeur du laboratoire et mon maître pour le bienveillant intérêt qu'il n'a cessé de me témoigner pendant toute la durée de ces recherches.

Je remercie aussi mon maître, M. A Schuster de m'avoir initié dans cette intéressante partie de la science, de ses bons conseils et des encouragements de chaque jour que j'ai trouvés auprès de lui au début de mes travaux spectroscopiques.

Je dois aussi une très grande reconnaissance à M. V. Schumann pour l'intérêt qu'il a pris à mes travaux dès ma première publication scientifique et des précieux conseils qu'il m'a souvent donnés surtout au cours d'une visite que nous avons eu le bonheur de faire dans son laboratoire modèle de spectroscopie à Leipzig.

Qu'il me soit enfin permis de remercier MM. Maneuvrier, Berget et Guillet et les autres savants attachés au laboratoire des recherches physiques, du sympathique intérêt qu'ils m'ont porté au cours de ces recherches et d'adresser en même temps mes remerciements émus à M. Deslandres et à M. le comte de Gramont, qui se sont toujours vivement intéressé aux résultats de nos travaux.

TABLE DES MATIÈRES

TROISIÈME PARTIE

SAINT-AMAND (CHER). — IMPRIMERIE BUSSIÈRE

SAINT AMAND (CHER). — IMPRIMERIE SCIENTIFIQUE ET LITTÉRAIRE, BUSSIÈRE

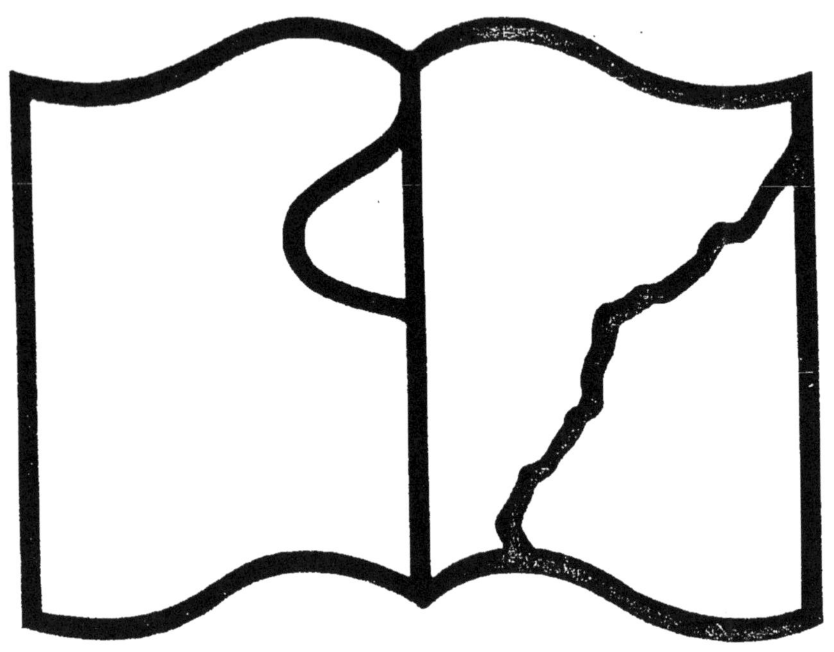

Texte détérioré — reliure défectueuse

NF Z 43-120-11

www.ingramcontent.com/pod-product-compliance
Ingram Content Group UK Ltd.
Pitfield, Milton Keynes, MK11 3LW, UK
UKHW020334230726
13925UKWH00002B/789